Amazing Ginger

了不起的姜

骆 回 骆其乐 骆融融 著

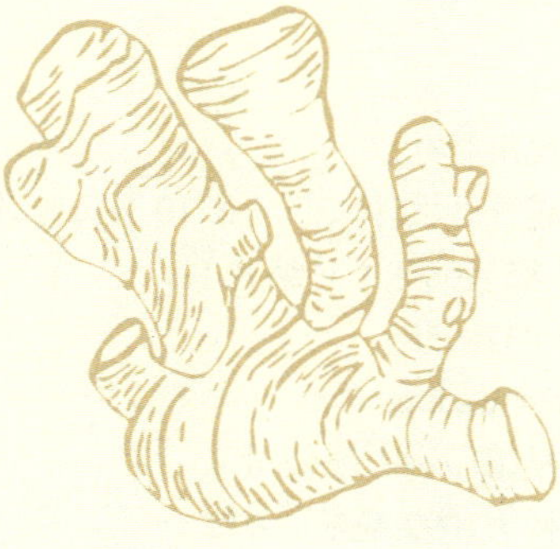

SPM 南方传媒 广东人民出版社
·广州·

图书在版编目（CIP）数据

了不起的姜 / 骆回，骆其乐，骆融融著 . -- 广州：广东人民出版社，2025. 7. -- ISBN 978-7-218-18676-4

Ⅰ . S632.5-49

中国国家版本馆 CIP 数据核字第 2025WR2575 号

LIAOBUQI DE JIANG

了不起的姜

骆　回　骆其乐　骆融融　著

出 版 人： 肖风华

出版统筹： 魏家坚
策划编辑： 蔡子凤
责任编辑： 李媛媛　钱　娜
责任技编： 吴彦斌
封面设计： 王玉美
版式设计： 蔺　辉
排版制作： 广知园

出版发行： 广东人民出版社
地　　址： 广州市越秀区大沙头四马路 10 号（邮政编码：510199）
电　　话：（020）85716809（总编室）
传　　真：（020）83289585
网　　址： https://www.gdpph.com
印　　刷： 佛山市昊德印刷有限公司
开　　本： 787 毫米 ×1092 毫米　1/32
印　　张： 8　　**字　　数：** 190 千
版　　次： 2025 年 7 月第 1 版
印　　次： 2025 年 7 月第 1 次印刷
定　　价： 98.00 元

如发现印装质量问题，影响阅读，请与出版社（020-85716849）联系调换。

售书热线：（020）85716896

食物是人类生存发展的一个基本条件和核心要素。联合国提出的全球可持续发展目标不少都与人类和食物有关（如消除饥饿、消除贫困、清洁用水等），或者与食物的生态系统有关（如气候、海洋生物、陆地生物等）。从可持续发展视角来看，食物领域的可持续设计也将从跨学科、多视角的维度出发，促使多领域融合，以共同维护人类与食物的良性关系。谚语云“冬吃萝卜夏吃姜，不劳医生开药方”，此话道出了吃姜对健康的益处。

中国食疗文化影响着人类的饮食结构

饮食与人体的健康密切相关，食物是人类赖以生存的第一要素。在人类历史发展过程中，食物除了可以果腹，还具有食疗效果。食物与文化相交融，饮食文化在人与食物的互动过程中，成为地域文化的重要组成部分。中国地域广阔，悠久的农耕历史塑造了独特的饮食文化与传统，对中华民族的生产生活方式产生了至关重要的作用。饮食文化作为社会文化的重要组成部分，主要是指饮食与人、人群的关系及其所产生的社会意义，是无比复杂的人类社会生活现象，几乎同人类文化的任何门类都有不同程度的关系。

我国一直就有“药食同源”的说法，中医认为食物和药物多为同一起源，很多食物同药物一样有防治疾病的功效。祖先经过长期的实践活动，逐渐知道了哪些食物对人体有益、可以食用，哪些食物对人体有害、不宜食用，哪些可以消除疾病，哪些可以强身健体。经过不断摸索和经验累积，还出现了专门记载食物的著作，如唐代孙思邈的《千金要方·食治篇》、唐代孟诜的《食疗本草》等，为人们防治疾病、保健强身提供了有益借鉴。

药食同源是中国重要的饮食文化和生活方式，其理念可从两个方面进行解读：一是从饮食文化的角度，古人在历史长河中不断地选择、加工和试验不同的食物，经过数千年的实践，得出一套属于本民族的饮食结构理论体系；二是从健康的角度，药食同源所提倡的食疗食补，其本质是食物与药物的中和理念。

药食同源的概念与应用缘起于我国新石器时代的神农尝百草，药食同源的食疗食补理念一直随着社会发展延续至今。我国是发展药食同源饮食文化最早的国家，对中草药的品类挖掘与种植处于世界领先地位。早在西周时期，《周礼·天官》记载，“食医位居疾医、疡医、兽医之首”。地位最高的食医在当时社会中充当的角色，相当于现代社会中的营养师，这充分说明当时的人已经有丰富的食疗养生理念。随后在战国至汉代之间出现了我国现存最早的医学典籍《黄帝内经》，该著作提出了系统全面的膳食结构搭配。秦汉时期，《神农本草经》整合了 365 种中药材，其中有 130 余种经过现代化药理研究证明而沿用至今。饮食疗法的先驱张仲景所著的《伤寒杂病论》，进一步将食疗理念深入民众的生产生活中。明代李时珍的《本草纲目》则收载了谷、菜、果、鳞、介、禽、兽等食物 400 多种，其中也有不少药物经常被人们当作食物来食用，如我们常吃的枸杞、首乌、薏苡仁、金银花、西洋参等。

中国药膳将食物和药物作为原料，经过烹饪加工后，像膳食一样色香味俱佳，食用后又可以预防疾病，强健体魄。中国药膳基于历史悠久的药食同源理论，既将药物作为食物，又将食物赋以药用，是“寓医于食”的。药膳既有营养价值，又可以治未病、延年益寿、强身健体，是一种既有药物功效，又兼具食物美味的特殊膳食。

中医食疗历史悠久，它的形成、发展与中医药学的形成、发展是同步的。在诸多古代本草文献当中，有不少食物文献，这些文献为食疗学的发展做出了不可磨灭的贡献。晋代之后，药膳调理方面有了长足的发展，并开始进入兴盛时期。《肘后备急方》《齐民要术》《本草经集注》等中医典籍均强调“防微杜渐、未病先防”的思想，并且《食经》《食方》有对食疗食补搭配的食物制作记载，食疗、食治已融入日常生活中。孙思邈重视食疗，在《千金要方》中阐述了药食同源的基本理论，记载了许多食疗配方，在食疗、食养等方面做出了巨大贡献。第一部中医食疗学专著《食疗本草》，体现了古人以饮食疗法作为调和身体的辅助性措施的智慧。

食疗文化中姜的价值功效

姜被广泛认为对健康有益，具有促进新陈代谢、抗氧化、增加肠胃蠕动、提高免疫力和食欲等功效。这些特性使得姜成为“银发族”所钟爱的食材，尤其是当他们逐渐面临与年龄相关的身体变化和健康问题时。姜广泛应用于食品当中，无论是在咸食还是在甜食中，都有其独特的风味和营养价值。

姜的价值在于其所富含的植化素：姜油酮、姜辣素、姜烯酚。姜油酮和姜烯酚提供香气、温暖身体；姜辣素是姜之辣味来源，姜愈老，姜辣素含量愈高，故嫩姜辣度相对低，老姜辣度高。加热干燥后的干姜，姜烯酚含量会变高，可促进内脏运作，刺激肠胃。

姜肉性味辛温，具有发表散寒、温胃止呕的功效；而姜皮富含精油、挥发油，性味辛凉，与姜肉药性正好相反，有利尿消肿的功效。

姜为人类饮食文化注入新的活力

在经济全球化背景下，药食同源理念被各国认可，并基于该理念对中草药进行创新研发用于保健品中。1984 年，日本首先将对人体有特定健康调节功能且不具备治疗功能的食品定义为功能性食物（Function Food）。这类功能性食物在美容减肥方面需求更为突出。例如，日本本土最大的护肤品及健康食品品牌 FANCL，以健康安全、无添加为理念，生产护肤品及维生素、酵素等保健品。

20 世纪 90 年代，美国将功能性食物产品定义为健康食物（Healthy Food），其在食品消费市场中的主要应用方向为保健品及膳食补充剂等。

2019 年，北京同仁堂为迎合当代消费行为模式的转型，围绕年轻一代的消费群体推出“知嘛健康”的线下实体体验店，将空间语言与品牌形象深度结合，围绕“象、食、养、医”，打造集健康饮食规划、社交娱乐、医馆于一体的健康生活体验馆。2020 年，TipsYou（汉方养生零食品牌）将药食同源的植物萃取技术运用于软糖的生产创新之中，推出了主打产品“桃颜有方”，弥补了养生零食、便捷养生产品的品类空缺。

生姜既是一种历史悠久的根茎类调味品，又是传统中医常

用的药材。姜的成分会因种植环境及采收时间点的不同而有所差异，新鲜的老姜块根辣味成分含量较高，其中以生姜醇为主。在经过分子脱水后，会形成姜烯酚，氢化后则能形成类似生姜醇的化合物姜酮酚。中国对生姜的开发起步相对较晚。最初是把生姜作为一种调味香辛料进行加工，如酸制、酱制，或加工成干姜或姜粉等，更深入一些的加工是用水蒸气蒸馏法制取姜精油，或用有机溶剂提取生姜中的有效成分。近年来，随着科技水平的不断提高，超临界流体萃取技术的推广应用，生姜的加工技术已经初具规模，生产技术也日渐完善，但仍限于食品加工及相近行业，人们对分离生姜中活性成分的进一步研究也处在实验阶段。由于研究水平较低，在提取生姜的功效成分时大都采用传统的分离纯化法，效果很不理想，难以转化成经济效益。6－姜酚为生姜中主要的活性成分，具有很高的药用价值，需要对其进行更精细的分离提纯来满足社会与市场的需求。

骆　回

2024 年 11 月

前言 PREFACE

姜，不仅是现代饮食中常见的菜肴调味品，同时也是一味宝贵的中药材。在全球，姜的主要产地集中在亚洲、非洲和拉丁美洲，其中，中国、印度和尼日利亚是主要生产国。李时珍在《本草纲目》中曾述："姜，辛而不荤……可蔬可和，可果可药，其利博矣。"姜作为一种药食同源的植物，既可调味，又可治疗多种疾病，且营养丰富，含有维生素 C、蛋白质、膳食纤维、糖和脂肪等。姜具有较高的食用价值、药用价值和保健功能，应用领域广泛。研究姜的功效，开拓其应用领域，对姜产业的发展有重要作用。

从二十世纪八九十年代起，国内外学界掀起了生姜研究的热潮，研究领域从早期单一的饮食方面逐渐转向医药及农业方面，生姜的多项功效使之一度成为中外学界的研究热点。从以往对生姜的研究状况来看，研究成果已经颇为丰富。如日本家喻户晓的中医养生著作《医心方》中就有对生姜药用价值的详细记载，认为生姜可以治愈冷热交替引起的感冒且无副作用。2009 年，日本著名自然医学博士石原结实的《生姜养生法》和《生姜的魔力》，都是专门研究生姜药用性能的著作，详细地教人们如何使用生姜来调养身体。国内学者重点关注的是生姜的高产栽培、贮藏及加工等问题，代表性著作包括赵德婉的《生姜高产栽培》、吴海军的《生姜种植与加工技术》、罗天宽与张小玲的《生姜脱毒与高产高效栽培》等。此外，关于生姜农业方面研究具有影响力的论文，有高江云的《姜科植物繁殖生态学研究》、高德民的《生姜生物学特性的研究》、李秀的《生姜种质遗传多样性和亲缘关系的 SRAP 分析》等。

当今社会，由于各种复杂的因素，无论男女老少，体寒的人数都在急剧增加。生姜是温补身体的佳品。体寒的人可以尝试食用生姜，在体验的过程中发现生姜的好处，就会自然而然地喜欢上生姜了。最近几年，生姜的消费量在逐年增加。接连上市的生姜类商品也取得了良好的销售结果。

生姜具有很多令人称奇的功效，而生姜的英文“ginger”含义有：（名词）活力、骨气、元气、激刺，具有辛辣的感觉；（动词）用生姜……调味、让……有活力、能鼓舞……。从这里不难看出英国人热爱生姜的原因。我们倡导药食同源，其中，姜就是一味常见的药用食材。生姜因其温补效用而备受瞩目，一旦入口，立即使身体暖和起来，进而提高免疫力，减少感冒概率，加速胃肠蠕动，促进血液循环。接下来就让我们一起去探寻生姜的秘密吧！

本书在编写的过程中，得到了诸多专家、教授、学者、领导的帮助，尤其是对于书中所引用文献的作者，在此谨表谢忱。由于编者水平有限，书中错讹，敬请各位读者包涵和批评指正。

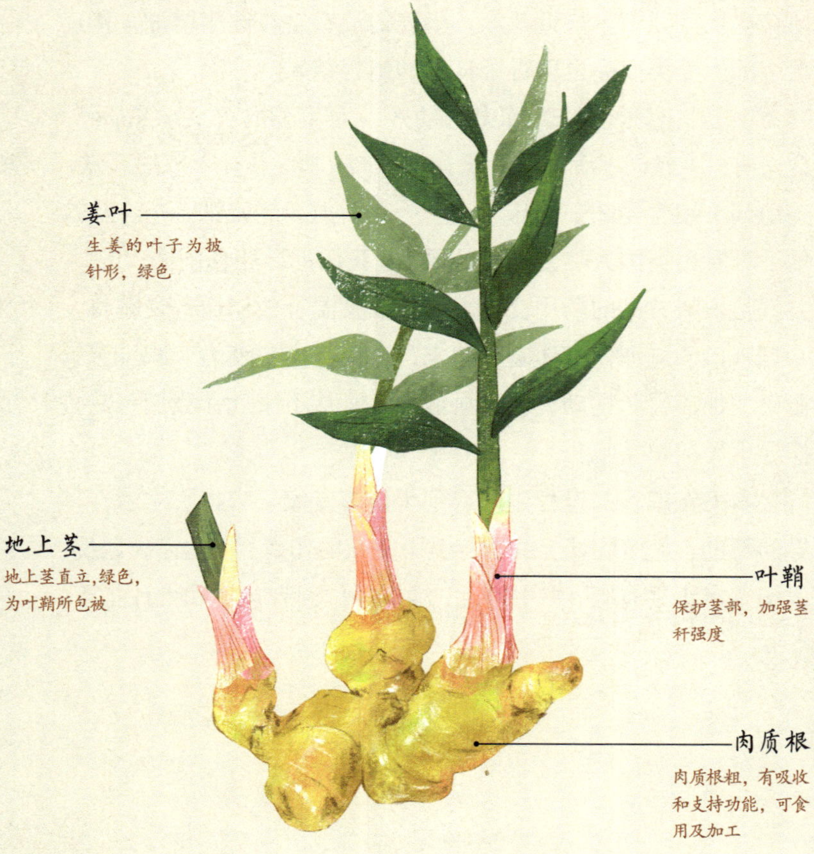
姜叶
生姜的叶子为披
针形，绿色
地上茎
地上茎直立,绿色,
为叶鞘所包被
叶鞘
保护茎部，加强茎
秆强度
肉质根
肉质根粗，有吸收
和支持功能，可食
用及加工

CONTENTS

目 录

和之美者，阳朴之姜

自古以来，出自蜀郡的姜都是调味的极好之物。因种植习惯与经验的传承，加之气候适宜，直到现在，四川仍然是姜的主要产地之一。

第一章 人类用姜史

生姜（Zingiber Officinale Roscoe），为姜科（Zingiberaceae）姜属多年生草本植物，能形成地下肉质根茎的栽培种，做一年生蔬菜栽培，适宜生长在肥沃且排水良好的壤土或沙壤土中，其地下根茎是重要的食用部分。生姜喜温暖，不耐寒，目前在热带、亚热带地区广泛种植。在人类历史上，无论是用来调味，还是用作药物，人们对姜的使用方式一直都是高度一致的。姜可用于制作各种食品，如糖果、苏打水、腌菜和酒精饮料等，也常拿来药用。

生姜的拉丁名“Zingiber”是从具有2000多年历史的古代泰米尔语（通行于印度南部、斯里兰卡东北部）“ingiver”（意为生姜的根茎）引申而来的。此后，阿拉伯商人将这个语词传到古希腊与古罗马，再传到欧洲及西方国家。生姜在当今西方国家的名称，大抵上也是从“ingiver”引申而来的，如ingefær（丹麦语）、gember（荷兰语）、ginger（英语）、zingibro（世界语）、ingver（爱沙尼亚语）、inkivääri（芬兰语）、gingembre（法语）和Ingwer（德语）等。有人认为Zingiber是从梵文“Singabera”（意为牛蒡根，以生姜的外观来命名）引申而来的。Mahindra（马欣德拉）认为“生姜”这一命名来源于南印度人所用的达罗毗荼语。东汉年间，许慎在《说文解字》中对“姜”字进行了解释，意为“御湿之菜”。

生姜的根茎富含多种矿物质、维生素、蛋白质和膳食纤维，因而具有丰富的营养和药用价值。中国南部及印度尼西亚（以下简称“印尼”）、印度等地区是世界上生姜种植面积最广的区域。

由于生姜的起源地多为热带雨林区，气候炎热、潮湿，光照相对弱，这就使生姜形成了喜温暖、不耐寒冷、适应性较强等特点。现在生姜在世界热带、亚热带地区被广泛种植。因尚未发现姜的野生种，所以姜的起源地仍有争议。从姜的分布和生物学特性来看，多数学者认为姜原产于亚洲较温暖的山区。根据目前有关姜起源问题的研究结果，主要有以下三种推论：

一是东南亚起源说。现在的蔬菜植物是由野生种类演化而来，是经过人类长期的栽培与选择，才成为现在的栽培状态和优良品种的。100 多年来，人类对于栽培植物的起源问题有过不少论述，其中，苏联著名植物学家、遗传学家瓦维洛夫曾于1923—1931 年组织考察队进行了一次全球性考察。瓦维洛夫提出的“基因中心学说”认为，世界的栽培植物有八个起源中心，并将姜的起源归入印度－马来亚中心，该中心包括印度、缅甸、马来半岛南部、爪哇、婆罗洲（现称“加里曼丹”）及菲律宾等东南亚地区，但在印度与马来半岛等地很少看到姜开花，而在东爪哇姜很容易野生化，东爪哇的气候颇适合姜生长，或许可以认为这里就是姜的原产地。

二是中国云贵及西部高原地区起源说。在《中国栽培植物发展史》一书中，李璠指出，地理上的原因对于栽培植物起源中心的影响是不可忽视的，并认为中国的自然环境是“得天独厚”的，在西部高原生长的栽培植物可以达到世界高度的极限。在中国东南与东北的广大平原和丘陵地带，气候温暖，雨水充沛，几大高原连成一片，形成了在地势上由青藏高原向东逐渐降低的阶梯式高原地形。不同海拔高度的地区，气候也不相同，到了平川河谷地带，有的气温竟接近甚至超过亚热带。在古时候，那里有茂盛的原始森林和广阔的草原，所以可以相信中国西部广阔的高原才是我国栽培植物的故乡。同时，在植物学论

• 广东骆氏中医学研究院姜生产基地

据方面，李璠提出在我国南方山区分布着一种所谓的“球姜”，在西藏亚热带（东部）林区也有姜科的野生植物，似姜而辛辣味较淡，全株可以食用。由此推断，它很可能就是栽培姜的野生原始种。因此认为，姜的原产地应在我国西部广大高原地区。

三是中国长江流域、黄河流域起源说。中国科学院华南植物研究所最新研究成果显示，姜的栽培起源地可能是中国古代的黄河流域和长江流域之间的地区，其主要论据有以下几个方面：

第一，从历史资料考证，中国种姜历史悠久，早在《论语·乡党》中就有孔子“不撤姜食”的记载，表明在春秋时代姜就常供食用了。这是见诸文字的记载，实际上种姜的历史，比文字记载的要早得多。姜作为药用，也有悠久的历史。《管子·地员》是战国时代的作品，其中有“群药安生，姜与桔梗，小辛大蒙”的记载，战国以后有关姜的记载就更多了。文献史料表明，姜在中国有着悠久的栽培历史，而在春秋战国以前，我国与印度、印尼等均无交往，不可能由这些国家输入，因此认为姜应为中国原产。

第二，从文物考证，考古遗存中有姜，如湖北江陵楚墓曾出土过外形完整的姜，湖南长沙马王堆一号汉墓亦出土过姜，其文物历史都在张骞出使西域之前，也在我国与印度交往之前，因此可作为中国自古栽培姜的佐证。

第三，从语源学考证，塔克霍尔姆曾提出“Zingiber”这个词是从汉字音译而来，而非源于印度的梵文“Singabera”，“Zingiber”这个词极有可能是波斯商人将中国话“姜”（居良切）加上本民族的土话“bil”结合而成的。如果“姜”字对应的希腊语及拉丁语是直接源自汉语，则为研究姜的起源提供了语源学证据。

从古时气候条件的变迁情况分析，古代黄河流域森林茂密，气候温暖湿润。3000多年前，黄河流域和今日的长江流域一样，有着十分丰富的亚热带动物和植物种类，可能有野生姜的分布。只是后来由于气候变冷，森林遭受破坏，才使得这种喜温暖湿润并需荫蔽生长的林下植物失去了自然生存的条件，逐渐消失。所以直到现在也找不到野生姜，留下来的只有栽培条件下的姜。

生姜具有丰富的遗传多样性，小姜品种的遗传多样性高于大姜品种。李秀等人采用SRAP分子标记技术，对世界范围内的51

个生姜品种进行遗传多样性分析[1]，共总结出4个类群：西南高原群体、东南沿海群体和华中群体为一类，日韩群体和东南亚群体为一类，非洲群体为一类，华北群体为一类。由于华北群体及非洲群体与其他群体的遗传距离较远，所以将华北群体判定为生姜的次生起源地，非洲群体判定为生姜的另一原生起源地。

① 李秀、徐坤、巩彪：《生姜种质遗传多样性和亲缘关系的SRAP分析》，《中国农业科学》，2014年第4期，第718–726页。

第一节 亚洲人民喜生姜

印度是世界上最大的生姜生产国之一，印度东北部地区，尤其是阿萨姆邦、梅加拉亚邦和曼尼普尔邦，是印度重要的生姜产区。这些地区的气候潮湿，土壤肥沃，适合生姜生长。喀拉拉邦位于印度南部，也是一个重要的生姜产区。该地区的气候独特，适合生姜种植。

印尼是东南亚最大的生姜生产国之一，生姜种植主要分布在爪哇岛、苏门答腊岛和巴厘岛等地。印尼生姜根据其形状、大小和苞片颜色，分为红姜、黄大姜和白小姜。这三个生姜品种的差异相对稳定，主要化学成分含量各异，其药用价值也具有显著的差异性。

在印尼，黄大姜的种植多用于食品制作和烹饪调料，而红姜、白小姜多用于中草药配方、药物提取及营养补充剂。红姜是印尼应用最广的草药之一。与其他生姜相比，红姜含有的10–姜醇具有较强的抗炎和抗氧化活性。黄大姜与普通生姜外形类似，其根茎部偏大。在印尼，白小姜是用来烹饪和生产

精油的香料，其根部比黄大姜更小，纤维组织更丰富，辛辣气味更强。印尼所产三种生姜的化合物含量不同，提取化合物的生物活性也各有优势。红姜是印尼产姜科姜属生姜经变种的一个品种，其中文名称为红姜，英文通用学名是 Zingiber officinale var.Rubrum，别名有 red ginger、sunti ginger，在印尼的通用名称是 Jahe merah。红姜的根茎小而有层次，浅红至深红色，红姜的抗氧化作用广泛应用于食品保存、化妆品行业和香料制作。红姜干燥的根茎含有大量具有抗氧化潜力的植物化学物质，且红姜根茎抗氧化活性与多酚氧化酶呈显著负相关。

中国是全球生姜的主要生产国和出口国。中国的生姜出口量占全球生姜贸易总量的 70% 左右。

根据联合国粮食及农业组织（FAO）的数据，近年来全球生姜种植面积排名前 10 位的国家包括印度、中国、尼日利亚、尼泊尔、印尼、泰国、孟加拉国、日本、喀麦隆和马里。

印度、中国、尼日利亚的生姜产量居全球前列。

• 生姜炖羊肉

中国生姜分布很广，以山东、广东、浙江、安徽、湖南和四川等省种植较多，其中，山东省种植面积最大。近年来，随着高产、高效农业的发展，辽宁、黑龙江、内蒙古和新疆的部分地区也开始引种、试种。

生姜富含矿物质、维生素、蛋白质、膳食纤维等，具有较高的营养价值。生姜还含有丰富的生物活性成分，包括姜辣素、姜酚、挥发油（含有醇类、黄酮类、烯类等）、多糖、微量元素、氨基酸和维生素等，被广泛认为是一种集营养、调味和保健功能于一体的经济作物。生姜的独特辛香味使其在烹饪中不可或缺。

生姜已有五六千年的应用历史，最早可追溯到新石器时代的神农氏时期。神农氏误尝毒草险些丧命，因食某种神奇植物而起死回生。由于神农为姜姓，故为该植物取名“姜”。孔子在《论语·乡党》中也提及“不撤姜食，不多食”，因为“姜通神明，去秽恶，故不撤”。现也有谚语“冬吃萝卜夏吃姜，不劳医生开药方”。由此可见生姜自古至今的养生地位。

姜起源的文献记载

如果查阅古籍文献，我们会发现我国古代关于生姜的记载虽然不多，却非常早。不过在查阅文献时，一定要把姜姓和姜区别开来，《诗经》中有大量写“姜”的地方，但无一例外写的是女子和姜姓。

“姜”真正作为调味品出现是在春秋战国时期。《论语·乡党》记载孔子这样说：

沽酒市脯，不食。不撤姜食，不多食。

关于这句话的解读有很多种，有的说是孔子认为每天都要吃姜，但不多吃；还有的认为是如果肉中的生姜放得不恰当，那就不多吃。但不管是哪种解释，我们都可以看出这里明确说的是作为一种调味品的姜。

《论语》是孔子弟子及其再传弟子关于孔子言行的记录，最晚至战国前期已经成书。所以我国姜最早的记载出现在春秋末年、战国初年。而当时姜的主要产地是四川，秦相吕不韦主持编撰的《吕氏春秋》记载：

和之美者，阳朴之姜。

这句话的意思是说，蜀郡阳朴的姜是调味的好东西。因种植习惯与经验的传承，加之气候适宜，直到现在，四川仍然是姜的主要产地之一。

到了汉朝，姜的种植面积并不大，所以价值非常高，高到什么程度呢？司马迁在《史记·货殖列传》中记载：

若千亩卮茜，千畦姜韭，此其人皆与千户侯等。

意思是如果有人有千亩栀子、茜草，千畦生姜、韭菜，其财富与千户侯的财富相等。

由此可见，汉朝时姜的价值是很高的。此外，当时四川的姜是远近闻名的。南朝宋范晔编撰的《后汉书·列传·方术列传》这样记载：

左慈字元放，庐江人也。少有神道。尝在司空曹操坐，操从容顾众宾曰："今日高会，珍羞略备，所少吴松江鲈鱼耳。"放于下坐应曰："此可得也。"因求铜盘贮水，以竹竿饵钓于盘中，须臾引一鲈鱼出。操大拊掌笑，会者皆惊。操曰："一鱼不周坐席，可更得乎？"放乃更饵钩沉之，须臾复引出，皆长三尺余，生鲜可爱。操使目前脍之，周浃会者。操又谓曰："既已得鱼，恨无蜀中生姜耳。"放曰："亦可得也。"操恐其近即所取，因曰："吾前遣人到蜀买锦，可过敕使者，增市二端。"语顷，即得姜还，并获操使报命。后操使蜀反，验问增锦之状及时日早晚，若符契焉。

所以姜是一种发端于我国远古的植物，最早记载于《论语》，到汉朝时仍然是很珍贵的调味品，当时的主要产地是四川。

姜种植的文献记载

魏晋时期清峻的审美与玄谈的风气造成了谈玄论道的流行，加上魏晋南北朝正是佛教在中国逐渐兴盛的时期，志怪小说层出不穷。而姜也出现在了志怪小说中。直到这个时候，提到姜必然会说到蜀地，也就是四川，可见当时四川的姜多么出名。当然，也不只这些志怪小说写到了姜，严肃的历史文献里也有写姜的，并且我们可以从记载里看出姜在当时是非常贵重的。

南朝梁萧子显在《南齐书·孔琇之传》中记载：

> （孔琇之）出为临海太守，在任清约。罢郡还，献干姜二十斤。世祖嫌少，及知琇之清，乃叹息。

这里重点说的是孔琇之的清廉，但献的东西是姜，则说明姜在当时还是很贵重的。

北魏末年，贾思勰第一次记载了种姜的方法。他在《齐民要术·种姜第二十七》中记载：

> 姜宜白沙地，少与粪和。熟耕如麻地，不厌熟，纵横七遍尤善。三月种之。先重耧耩，寻垄下姜，一尺一科，令上土厚三寸。数锄之。六月作苇屋覆之。九月掘出，置屋中。

可见，这个时候，姜的种植正式出现在了农书里。

古代人对姜的依赖和喜爱一点都不逊于现代人，他们会写出心中所想。唐代刘禹锡在押微韵五言律诗《奉和郑相公以考功十弟山姜花俯赐篇咏》中这样写：

采撷黄姜蕊，封题青琐闱。
共闻调膳日，正是退朝归。
响为纤筵发，情随彩翰飞。
故将天下宝，万里与光辉。

唐朝统治者提出的一系列惠农政策推动了农业的繁荣发展。于唐末至五代期间成书的农业著作《四时纂要》对姜的种植进行了非常详细的描述。

阔一步作畦，长短任地形。横作垄，相去一尺余，深五六寸。垄中，一尺一科，带芽大如三指阔；盖土，厚三寸；以蚕沙盖之，粪亦得。芽出后，有草即耘。渐渐加土。已后，垄中却高，垄外即深。不得并上土。锄不厌频。

从这里我们可以看出，此时姜的种植技术已经非常成熟。关于姜的种植方法，后世大多借鉴贾思勰的《齐民要术》，一直到了明朝，王象晋根据前人的记录，对姜的种植与食用方法等做了系统性的总结：

姜，御湿之菜也。苗高二三尺，叶长对生。苗青，根嫩白，老黄，无花实。处处有之，汉、温、池州者良……生用发热，熟用和中，留皮则凉，去皮则热。八九月多食，春多患眼。孕妇忌食，令儿盈积。

姜从远古时期发端，到春秋始有记载，魏晋南北朝时正式进入农书，明朝时期完善。姜作为一种特殊的调味品，经历了历史变迁，见证了我国先民的起起落落。

第二节 舶来之物生姜在欧美

早在3000多年前，姜由腓尼基人经印度传入欧洲，属于最早传入地中海的香料。公元1世纪，古罗马美食家阿比修斯在《论烹饪》(*De re coquinaria*)一书中，就曾记述过姜的使用。在书中，姜被认为是暖性的植物，可以排毒。古罗马人把姜加入面粉中用来制作食物，但那时还制作不出真正意义上的姜饼。阿拉伯商人为了垄断香料贸易，一直提防欧洲人知道姜及其他香料的产地，跟欧洲人说：生姜和桂皮是从尼罗河直接自天堂浮载而来，由埃及渔夫在洪水中撒网捕捉到的。所以欧洲人一直觉得那神秘的香气是从天堂飘来的。

后来，随着罗马帝国的衰落，姜几乎在欧洲销声匿迹。至于它是怎样再次传入欧洲并广为人知的，史料记载模糊，有说是马可·波罗在约1295年时再次把姜从中国带回了欧洲大陆，还有说姜是由“丝绸之路”再度进入欧洲的。

姜在公元1世纪时传入欧洲，最初仅用于治疗疾病，人们相信它能抗衰老、增强性功能。据说葡萄牙人会慷慨地赐予奴隶姜，以增强他们的生育能力。

欧洲香料匮乏，姜因其浓烈的辛香味，受到了欧洲贵族的推崇。人们尝试把姜混入面包和饼干，结果其不仅口感独特，还更容易保存。

到了中世纪，姜在欧洲已经相当普遍且广受欢迎，出售香料的街道通常被称为“姜街”。当时，意大利萨勒诺的医学院常使用姜为人们治疗疾病，并

坚信它能使人保持活力。公元 18 世纪，欧洲人开始用姜汁酿造啤酒，制作糖果、面包、饼干等。一向以口味清淡著称的欧洲人十分喜爱吃姜。以干姜粉为主要配料的姜饼人、姜饼屋是他们传统节日圣诞节必不可少的零食，姜味可乐、姜味巧克力及姜味蛋糕等在当今的欧洲市场依然紧俏。

总之，再度传入欧洲的姜，成了一种昂贵的进口香料，只有在圣诞节这样的重要节庆里，人们才会大量使用。

1128 年，马赛开始征收姜的进口关税。1296 年，此举被巴黎效仿。公元 13—14 世纪，1 磅姜的价值已经等同于一头绵羊。公元 14 世纪，姜在欧洲盛行，成为继黑胡椒之后流行最广的香料。公元 15 世纪，姜以干姜的方式进口并用于甜品制作中。据说英国伊丽莎白一世十分喜爱这种香料，姜被用来制作成深受大众喜爱的甜品——姜饼人，姜饼人如今成为欧洲和北美圣诞节的风俗甜品。姜作为调料随西班牙征服者从欧洲进入美洲，而后，随西欧移民一起“定居”美国。

圣诞节之于欧美，相当于春节之于中国，其重要意义可见一斑。圣诞节除了圣诞树、蛋奶酒，还有一个形象标志不可不提，它就是几乎家家户户都会烘烤的一种棕黄色饼干。乍看之下极像巧克力饼干，实际上这是西方家庭中最受欢迎的传统零食小吃——姜饼。

最初的姜饼带有浓厚的宗教色彩。992 年，一名亚美尼亚僧侣将姜饼的制作方法传授给法国的基督徒。当时的姜饼由基督教会控制生产，主要用于治疗消化不良等疾病（此时的教会兼有医院的功能），在教堂的内部装饰中也会用到姜饼。从那时开始，姜饼便与宗教产生了关联。公元 13 世纪，德国修道院的僧侣们在圣诞节和复活节时制作姜饼并分发给信众。正因为姜饼与宗教的关系，教会和政府对姜饼的制作限制颇多：平日里，只有专门的注册姜饼师才被允许制作姜饼；到了圣诞节和复活节会放宽限制，平民也可以制作姜饼。

作为一种流传了800多年的传统点心，姜饼本身就承载了许多故事：一对因为战争而分开的恋人，因为担心对方找不到自己，便在自己的村庄里出售对方模样的姜饼，直到百年后有旅者带着女孩姜饼来到老太太所在的村庄中，此时老太太早已去世。在西方人看来，姜饼不仅象征着家庭的美满和睦，还象征着忠贞不渝的爱情。

公元16世纪，英国女王伊丽莎白一世在一次晚宴中突发奇想，将姜饼制作成来访宾客的形状。从此之后，姜饼人开始出现在各大宴会活动中，这种流行趋势影响到了当时的市民阶层。连大名鼎鼎的英国大文豪莎士比亚都说过这样一句话：“如果在这世上我只剩一便士，你只需拿着它去买姜饼。”于是在圣诞

• 圣诞姜饼屋

节这种一年一度的重大场合中，姜饼人逐渐成为常客。民间还出现了未婚女子吃下姜饼人就能找到白马王子的传说。后来甚至衍生出描写姜饼人的童话及电影 *The Gingerbread Man*、歌曲 *Sweet Gingerbread Man*。在近代，人们会制作各种形状的姜饼，并且会在表面画上白色糖霜。

姜饼，这一承载着风味与文化的美食，在世界版图上绽放着别样光彩。在英国，姜饼常以蛋糕或脆饼之姿现身，披上皇家糖霜的精致外衣，其中，名为“Ginger Snap”的酥脆坚果姜饼更是备受青睐。而在英格兰东北部的约克郡，一种独具特色的“帕金（Parkin）”软姜饼蛋糕散发着别样魅力，燕麦片与糖蜜的完美交融，在当地收获无数拥趸。

荷兰的姜饼宛如一场味觉盛宴。“Ontbijtkoek”，直译为“早餐蛋糕”，勾勒出它在荷兰人早餐桌上的重要地位；“Peperkoek”（胡椒蛋糕）则巧妙利用剩余烘焙材料，创造出柔软易碎的独特口感。黑麦为底，丁香、肉桂调味，荷兰人习惯将其切成薄片，抹上奶油，如同品味吐司般享受这份惬意。在荷兰北部，“Oudevrouwkoek”（老妇人蛋糕）作为姜饼家族的明星成员，凭借独特配方声名远扬。

德国的姜饼展现出双面风情，软硬两种类型的饼都因葡萄酒的加入而别具韵味。柔软的“Lebkuchen”姜饼蛋糕，口味可辣可甜，蜂蜜、茴香、豆蔻、坚果、蜜饯等丰富食材汇聚其中，表面的结冰状糖霜更是点睛之笔，常常在慕尼黑啤酒节等狂欢派对的街头闪耀；坚硬的姜饼则以糖果和皇家糖霜精心装饰，与常见的姜饼人别无二致，更有心形姜饼承载着甜蜜爱意，糖霜书写的“我爱你”字样，传递着浪漫情愫。

北欧的姜饼以薄脆示人，挪威、瑞典的姜饼稍厚，常被用作装点窗子的艺术品；丹麦、冰岛、芬兰的姜饼则风格相近。瑞士的“Biber”姜饼蛋糕厚约2厘米，夹入杏仁蛋白酱，表面用模具或手工雕刻出繁复图案，传统小镇阿彭策尔的熊、圣加仑大教堂等标志性元素跃然其上，再辅以结冰状糖霜，宛如精致的艺术品。

美国的“姜饼蛋糕”以松软湿润的口感和清新的香气俘获人心；法国的姜饼虽与美国形似，在法文中意为“香料面包”，却因较干的质地与蜂蜜赋予的独特香气，自成一派。

在俄罗斯、乌克兰、白俄罗斯，黑麦粉、蜂蜜、糖、奶油、鸡蛋与各种香料共同奏响美味乐章，表面的浮雕装饰、文字或皇家糖霜，让姜饼的造型充满无限创意，有时甜馅的加入更是带来惊喜口感。

波兰的姜饼文化同样丰富多彩。托伦姜饼作为填馅饼干，自中世纪起便在托伦市飘香，连音乐家肖邦都为之倾倒，当地的托伦姜饼博物馆更是诉说着这份美味的悠久历史；克拉科夫姜饼蛋糕以大量香料调和辛辣面团，或裹上浓郁巧克力酱，木制模具压出精致图像，不仅美味，还可长久保存。

保加利亚的手掌大姜饼呈圆扁状，蜂蜜、肉桂、生姜、干丁香的香气相互交织，薄薄的巧克力外衣为其增添一丝甜蜜。

巴拿马的姜饼世界里，用生姜、蜜糖制成的“Yiyinbre”蛋糕与加入椰子的“queque”饼干各具特色，前者香气浓郁，后者嚼劲十足。

生姜在欧洲的魅力远不止于姜饼之中。它早已融入人们生活的方方面面，无论是日常烹饪，还是啤酒、饮料，都能寻觅到它的身影。更有不少人养成了清晨饮用生姜汁的习惯，生姜茶、生姜片等加工食品也备受欢迎，成为人们味蕾与健康的双重守护者。

第三节　非洲生姜种植忙

在非洲广袤的土地上，尼日利亚以绝对优势稳坐“非洲最大生姜生产国”的宝座。来自尼日利亚国家统计局的权威数据，如同一幅徐徐展开的画卷，清晰勾勒出该国生姜产业蓬勃发展的轨迹。

近年来，尼日利亚的农作物出口领域可谓亮点频出，而生姜出口无疑是其中最耀眼的那颗星，生姜出口额的增长曲线一路攀升。2018 年第二季度，尼日利亚生姜出口额为 11.3 亿奈拉，短短一年后，到 2019 年同期便攀升至 12.4 亿奈拉。2020 年，突破 15.7 亿奈拉；2021 年更是实现跨越式增长，飙升至 37.5 亿奈拉。2022 年，生姜出口收入延续增长态势，达到 46 亿奈拉。到了 2023 年，生姜出口额更是迎来惊人的翻倍，一举突破百亿大关，达到 100 亿奈拉。这一连串不断攀升的数字，不仅见证了尼日利亚生姜产业的强劲活力，更彰显了其在全球生姜市场上日益重要的地位，成为推动该国农业经济稳步前行的关键力量。

尼日利亚主要提供鲜姜，但产季较短，一般从当年 10 月持续至次年 2 月。2017 年，尼日利亚生姜价格约为每吨 1000 美元。由于通货膨胀和本地区经济衰退，生姜价格有所上涨。尼日利亚生姜的主要市场是美国、英国和一些亚洲国家。尽管尼日利亚是生姜的主产国，但许多市场更偏爱印度或中国的产品，因此，该国该行业最重要的挑战是寻找新的目的地并占据一些出口市场。

尼日利亚的生姜主要种植在卡杜纳州、卡诺州、贝努埃州、纳萨拉瓦州、尼日尔州和贡贝州等地。尼日利亚出口商利用出口干姜和加工姜赚取外汇的同时，创造财富。

加纳也是非洲重要的生姜产区，主要分布在阿散蒂省、东部和东北部地区等。

坦桑尼亚也有大量的生姜种植，但由于没有生姜加工厂，姜农每千克生姜只赚200坦桑尼亚先令（折合人民币约1元），中国中铁建工集团支持当地建设生姜加工厂，每千克可获利4000坦桑尼亚先令（折合人民币约20元）。姜系列产品将出口到非洲其他国家乃至欧洲，从而帮助坦桑尼亚当地的广大姜农脱贫致富。

阿尔及利亚速溶姜茶为海宁纪亨保健食品有限公司出口非洲（南非、西非、北非）的特级无公害天然姜茶。此款姜茶选用无公害天然姜科植物块茎老姜、嫩姜、纯正蜂蜜、蔗糖为原料，经现代科技设备低温萃提老姜、嫩姜的有效成分（姜辣素、姜酮、姜醇、姜酚）精制而成。姜味芳香浓郁，带微辣，冲泡饮用暖流全身，生津止渴暖肠胃。姜茶具有温中散寒、发汗解表、健脾暖胃、止呕止泻、止咳化痰等功效。

非洲还有很多知名的生姜精油品牌，涂抹在身上可以舒经活络、治疗瘀伤。事实上，生姜在过去几年一直是南非表现最好的蔬菜。生姜有9个月的生长期，各环节均需要大量的人工参与，所以生姜种植是一种劳动密集型产业。除了从中国进口的生姜，从非洲中南部赞比亚进口的有机生姜也补充了南非当地市场的短缺。

第二章

姜的文化基因

中国是生姜文化起源的重要区域，早在春秋时期就有对食姜确切的记载，如《论语》记载的“不撤姜食”。《左传》也有“女贽，不过榛、栗、枣、脩，以告虔也”的记载。《周礼·天官·膳夫》郑玄注：“脩，脯也。”唐代贾公彦疏：“谓加姜桂锻治者谓之脩”。“贽”在古时意为初次拜见尊长所送的礼物，“脩”是用姜和肉桂加工的咸肉类食品，由此可见，姜在当时就已经被平民百姓用作调料，加工成食品用于人际往来。《管子·地员》“群药安生，姜与桔梗，小辛大蒙”，解释了姜是一种中药材。不难看出，中国很早就使用生姜作为医治病人的药材并沿用至今，这也是生姜文化的一个方面。概括而言，生姜文化是基于生姜物质载体创造发展起来的文化。

中国的生姜文化有着鲜明的特征：一是多样性。生姜文化是由不同层次的地方文化共同构成的，如江南、华南地区在生活习惯、习俗上的区别，也造就了生姜文化的丰富多彩。从关乎生姜的饮食习俗的角度来分析，各地区也有自己独特的方式，如广东潮汕地区，在端午节期间有晒“百日姜”的传统，湖南长沙、湘潭等地有三伏天吃老姜炒子鸡的习俗。这些都恰到好处地体现了各地区民众对生姜饮食文化的继承及创新。二是兼容性。我国东部、南部及中部地区种姜的区域仍在不断扩大，在长期的生姜文化交流中，不断充实和发展自身的内涵，也尊重其他各个区域的文化背景，这极大地体现了当今社会和谐共生的发展观。比如，广东大部分地区的人喜欢用老姜炖各种靓汤，但也有部分人偏好于吃醋泡子姜。

虽然同处于一个空间，饮食方式也有所不同，却能做到互不排斥，彼此尊重。

在如今这个充满竞争和压力的社会里，人与人之间的关系变得紧张又微妙。然而在生姜文化中，在彼此理解而又和谐融洽的氛围下，人们可以放松身心，以礼待人，和善友好，这也是生姜文化真正的灵魂所在。

第一节 典故里的生姜

中国人用姜文化源远流长。《神农本草经》记载："干姜，味辛，温。主胸满咳逆上气，温中止血，出汗，逐风湿痹，肠澼下利。生者尤良。久服去臭气、通神明。生川谷。"我国人民食用生姜的历史相当悠久，流传着很多名人与生姜的故事。纵观中国上下五千年历史古籍，不乏对生姜数量、外形、功用和象征性意义等方面的描述。

名人与生姜

1. 神农尝百草，姜名始流传

上古的茶陵坑（今茶陵县），神农炎帝在采药途中遭遇生死劫，误食毒蘑菇后，剧痛如刀绞，多种药草都无法缓解，因而疼昏在大树下。一阵清风拂过，唤醒了昏迷的他，同时送来一缕浓郁香气。循着香味，炎帝发现一丛尖叶青草，凑近轻嗅，顿觉神清气爽。他摘下一株细细咀嚼，香辣清凉的滋味在口中散开。不久，腹中肠鸣作响，腹泻过后，竟奇迹般痊愈。为铭记这份救命之恩，炎帝以自己的姓氏"姜"为其命名，自此，姜在茶陵生根发芽，茶陵坑、碣石一带产出的姜更是远近闻名。

2. 姜子牙奇遇，铜陵嫩姜传佳话

商代末年，被纣王通缉的姜子牙逃至铜陵，饥肠辘辘的他摔倒在姜田，无意中踢到一块鲜嫩的姜。饥不择食的他抓起便吃，那甘脆的口感令他终生难

忘。后来姜子牙辅佐武王成就霸业，成为周朝丞相，仍对铜陵嫩姜念念不忘，每年都派人前去采购。也正是从那时起，铜陵人开始食用嫩姜，并将其加工成糖姜、盐姜、糖醋姜等美味，“跌倒姜子牙，带出子芽姜”的谚语也在民间流传开来。

3. 铁拐李悟道，姜解百毒显神奇

浙江临平乡间，铁拐李偶遇一老农手持锅盖大的青鳖，深知此乃毒鳖的他好心相劝，却遭老农无视。夜晚，铁拐李前往老农家准备施救，却见全家安然无恙。疑惑之下，老农道出玄机：“我早知鳖毒，用生姜烧煮，毒皆化解。”铁拐李这才明白“人间自有灵丹药，不劳神仙下凡来”，于是倒掉药葫芦中的药，化作青烟重返天界。

4. 孔子食姜，养生之道传千年

春秋时期，73 岁的孔子堪称高寿，这与他健康的饮食观和卫生习惯密不可分，而生姜便是其中的重要功臣。《论语》记载孔子“不撤姜食，不多食”，每餐必食姜。南宋朱熹在《论语集注》中解释，姜能“通神明，去秽恶”，这或许就是孔子钟情于姜的原因。

5. 刘邦疾愈，生姜助力定乾坤

楚汉相争时，汉高祖刘邦在河南音山染上瘟疫，名医束手无策。刘邦粒米不进，胃部冰冷作呕。当地老翁献出“生姜萝卜汤”秘方，刘邦饮后顿感胃中温暖，呕吐渐止，病情好转。痊愈后的刘邦率军大胜，歼灭楚兵主力，生姜在此役中也发挥了意想不到的作用。

6. 曹孙爱蜀姜，传奇故事传千古

从先秦到南北朝，蜀姜凭借优良品质成为曹操、孙权等名人的心头好。古人喜食鱼脍，常以姜丝、姜末佐味。晋代干宝的《搜神记》与南朝宋范晔的《后汉书》，都记载了曹操为得蜀姜，左慈施展神奇法术从蜀国带回；而在晋人葛洪的《神仙传》里，孙权想吃用蜀姜做的鲻鱼脍，道士介象同样用法术获取。这些故事虽是虚构的，但足见蜀姜在当时的受欢迎程度。

7. 徐文伯妙手，生姜解毒医帝王

被宋明帝誉为“天下第一名医”的徐文伯，曾用生姜妙手回春。宋明帝喉咙生疮，脓血不止，连水都难以下咽。徐文伯诊断后，让明帝每日吃 3 次生姜，每次 5 两。起初明帝痛苦不堪，质疑徐文伯别有用心，然而吃完 3 斤生姜后，喉疾竟奇迹般痊愈。原来明帝常食竹鸡，而竹鸡喜食有毒的半夏，生姜正是解半夏之毒的良药。

8. 吕纯阳折服，老姜美名传四方

天宫神医吕纯阳化身道士采药，用丹药救治腹痛的老婆婆却不见效。白发老翁用生姜煎红糖水，让老婆婆服用药到病除。吕纯阳嫉妒老翁，便将毒蛇化作大鳖加害，不料老翁不仅无事，还将鳖烹食。得知“三片生姜解百毒”后，吕纯阳彻底折服，人们为感谢老翁，也将“片姜”称为“老姜”。

9. 僧人医哑，生姜除病解谜团

唐朝长安香积寺，行端和尚砍柴后突然变哑，寺中方丈做道场无果。懂医术的僧人德始带行端求医于名医刘韬。刘韬观察后，让行端服用生姜煎剂，几日后，行端竟能开口说话。原来行端是误食山中半夏中毒，生姜正是对症解药，这也体现了中医药源于民间、服务百姓的特点。

10. 东坡奇缘，生姜养生留佳话

（1）延年益寿有方

苏东坡在杭州为官时，拜访净慈寺的“聪药王”，得知其85岁高龄仍身健的秘诀是食用“姜乳饼”。姜乳饼以生姜汁制成的“姜乳”与面粉制作而成，聪药王连吃四十余载，身轻体健。苏东坡虽不喜面食，但也搜集到以生姜为主药的“驻颜不老方”，并作诗记载：“一斤生姜半斤枣，二两白盐三两草，丁香沉香各半两，四两茴香一处捣。煎也好，泡也好，修合此药胜如宝。每日清晨饮一杯，一生容颜都不老。”现代研究表明，生姜中的有效成分能抗氧化、延缓衰老，“晨吃三片姜，赛过人参汤”确有科学依据。

（2）妙对显才情

苏东坡与好友姜志之闲谈饮茶，以坐中物为药名对答。姜志之沉思片刻说：“君即为药名。”苏东坡不解其意。姜志之笑着说：“子，苏子也！”苏东坡明白了，随即说道：“君亦为药名，不是厚朴，就是半夏。”姜志之茫然无解，问其缘故。苏东坡回答道：“不是半夏、厚

朴，何以姜志（制）之！”姜志之闻言拍案叫绝，连声称赞东坡思维敏捷，深知中药炮制之道。

11. 徐霞客远游，生姜相伴保安康

明代地理学家徐霞客孤身探险，长途跋涉，生姜是他行囊中的必备之物。他每日晨起嚼食生姜，以促进阳气生发。野外露宿时，若感风寒，便饮姜汤发汗，驱散湿气，保得旅途安康。

12. 王夫之号姜斋，生姜寄情传后世

明末清初的思想家王夫之，晚年以教学生和种生姜为生，因此自号“姜斋”“卖姜翁”。他在卖姜词中称姜“最疗人间病”。姜斋故居至今仍保留着当年的生姜地，见证着他与生姜的不解之缘。

13. 曹雪芹著红楼，生姜入笔添韵味

在《红楼梦》中，曹雪芹多次写到生姜。宝玉、宝钗、黛玉拌嘴，王熙凤打趣“大暑天谁还吃生姜”，暗指三人脸红；宝玉、宝钗的《螃蟹诗咏》中，都提到食蟹需用姜祛寒；宝钗提及绘画用品中需“生姜二两，酱半斤”，用于处理画碟；宝玉晨起，麝月捧来法制紫姜，助他抵御冬日风寒。这些描写不仅展现了生活细节，还体现了生姜在古人生活中的重要性。

14. 徐特立自喻，姜桂之性显品格

“姜桂之性，到老愈辣”出自《宋史·晏敦复传》，比喻年纪越大，性格越耿直。徐特立常用此语自喻，彰显他为革命鞠躬尽瘁、老而弥坚的精神品格，生姜和肉桂也成为他精神的象征。

诗词话生姜

姜的味道辛辣。“辛”本指使皮肉感觉刺痛，后引申为葱、蒜、姜等食物对口腔和舌头的刺激，如宋代晁补之的《和文潜期饮大尹穆父家兼呈尹》：“人甘如醴饮者醉，我独螫口如姜辛。”“辣”本指把罪人与荆棘捆绑在一起，转指姜等食物对口腔和舌头难以摆脱的刺激，如宋代王柏的《呆官人三绝》：“逊斋姜辣口，奄有世间呆。”

姜有着越老越辣的特性，正如俗话说“姜还是老的辣”。不少文人笔下就记载了姜的这一特性，如南宋谢枋得的《谢惠椒酱等物》：“堇荼易地味不甘，姜桂到老性愈辣。”

姜的种类很多，根据姜的外皮颜色可分为白姜、紫姜、绿姜（又名水姜）、黄姜等。

古人把姜作为调料放在菜肴里，煮鸡等禽类时要用到，如明代姚道衍的《采薖为余唐卿赋》：“一餐自足饱空腹，岂特姜桂烹鸡鴽。”煮鱼等水产时要用到，如唐代白居易的《二年三月五日斋毕开素当食偶吟赠妻弘农郡君》：“鲂鳞白如雪，蒸炙加桂姜。”甚至有时煮青菜也可以放，如宋代陆游的《食荠三首（其三）》：“小著盐醯助滋味，微加姜桂发精神。”

有些美食是不宜放姜的，如北宋司马光的《晚食菊羹》：“毋令姜桂我，失彼真味完。”放姜桂就会失去菊羹的原味。

俗话说："家备小姜，小病不慌。"

姜不仅可以食用，而且可以药用，如宋代陈宓的《病后寄郑自正》中有"**煎煮杂姜桂**"。

关于生姜的诗词罗列如下：

王良百一诗（其五十六）

[唐] 徐成

止痛当归妙，牵牛芍药和。
生姜宜剩使，滑石勿令多。

兵要望江南（其三）医方第二十九

[唐] 易静

转筋脚，急去使生姜。
新水一盅煎五合，饮之即去总无妨，主将记心肠。

招韬光禅师

[唐] 白居易

白屋炊香饭，荤膻不入家。
滤泉澄葛粉，洗手摘藤花。
青芥除黄叶，红姜带紫芽。
命师相伴食，斋罢一瓯茶。

酬柳柳州家鸡之赠

[唐] 刘禹锡

日日临池弄小雏，还思写论付官奴。
柳家新样元和脚，且尽姜芽敛手徒。

赠郑谠处士

[唐] 李商隐

浪迹江湖白发新，浮云一片是吾身。
寒归山观随棋局，暖入汀洲逐钓轮。
越桂留烹张翰鲙，蜀姜供煮陆机莼。
相逢一笑怜疏放，他日扁舟有故人。

重赠二首

[唐] 柳宗元

闻道将雏向墨池，刘家还有异同词。
如今试遣隈墙问，已道世人那得知。

世上悠悠不识真，姜芽尽是捧心人。
若道柳家无子弟，往年何事乞西宾。

丁未春五首（其三）

［宋］刘克庄

道是生姜树上生，不应一世也随声。
暮年受用尧夫语，莫与张程几个争。

颂古四十首（其三）

［宋］释守珣

涅槃一路同来往，寸步宁亏达本乡。
鹙子黠儿轻借便，由如哑子吃生姜。
月上女，太无良，不涂红粉自风光。
金锁玄关留不住，百尺竿头信脚行。

偈颂三十八首（其三十一）

［宋］释如净

钟楼上念赞，床脚下种菜。
不会不自在，会得是障碍。
白狗吃生姜，胡人夜渡关。
若不得流水，还应过别山。

偈一百二十首（其四十五）

［宋］释怀深

惆怅钟山老水牯，去住纵横无必固。拔楔抽钉二十年，咬尽生姜呷尽醋。有时贫，有时富，谁会南山狗咬虎。纷纷衲子数如麻，不知谁解吞蓬句，听取焦山重指注。若道钟山有句，大似如藤倚树。若道钟山无句，正是沈埋佛祖。

偈颂一百二十三首（其一〇一）

［宋］释祖钦

岁旧年新，夜暗昼明，未尝移易。日迁月化，山青水绿，依旧寻常。小尽二十九，大尽三十日，也是镇萝蔔，汉地生姜。休咬嚼，没商量。梅花纸帐一炉香，衲被蒙头春昼长。

揖仙阁

［宋］王安石

结阁揖仙子，疏塘临隐扉。
水花红四出，山竹翠相围。
云度疑軿下，凫惊恐舄飞。
蜀姜宁可恃，投钓此忘归。

癸未至节以病晚起走笔戏书纪事排闷十首（其五）

［元］方回

老子家风旧，从来节是常。
糟姜三盏酒，柏烛一炉香。
今岁适多病，吾儿犹异乡。
十分无意绪，檐雨晓淋浪。

挽诗

[明]庄昶

刚道生姜树上生，百年奄忽可须惊。
若知戌亥天还老，万里秋空月自明。

临漳杂诗十首（其二）

[明]王祎

此地多烟瘴，时清喜渐除。
阻山犹盗贼，并海尽盐鱼。
田稻春秋种，园姜伏腊需。
不才叨郡寄，廪禄颇赢馀。

从征古州蛮回途纪驿二十三首（其十四）河池

[明]管讷

江上龙阳县，遥遥百里程。
青山云外小，白鸟雨边明。
腊酒沽应熟，春姜种已生。
驿人能雅致，高阁榜临清。

有怀

[明]苏仲

长悬乡土梦，景物副心情。
五月薰风荔，三冬白雪橙。

子姜鱼作鲙，藤菜蚬为羹。
白石清泉外，无羁世利名。

篙师编修近忽佞佛至诚且笃贻六绝句以谐之想发一轩渠也（其二）

［清］全祖望

先生经术更无侪，不是元城即了齐。
莫似屏山鼓狂舌，生姜树上妄安排。

雨后过南鸦口

［清］查慎行

暴涨添三丈，朝来冒两涯。
山深惟古戍，岸转忽人家。
苦竹秋来笋，红姜雨后芽。
似闻灵鹊语，报我过南鸦。

梁溪道中

［清］查慎行

山水多平远，秋来悉美田。
红姜肥似掌，紫芋大于拳。
玉剥菱腰阔，珠收芡粒圆。
老饕归为口，一味说丰年。

七夕前二日同德尹浚安饮东亭斋二首（其二）

[清] 查慎行

同祖如同父，为兄忝伯兄。
家贫馀世业，官满得乡评。
瓮酱调藜糁，厨姜芼鳖羹。
向来疏酒盏，一饱累经营。

次韵上自塞外网得松花江鱼遣使进献皇太后分赐九卿有差臣荦得拜四尾敬赋二首（其二）

[清] 吴陈琬

珍重天家味，携来只树园。
鸣姜离翠釜，香鲙溢雕轩。
缕切银花细，纷霏雪片繁。
和羹手亲试，莫忆渌波村。

咏宋澄泥小砚

[清] 张问陶

香姜铜雀外，片瓦亦千金。
自得陶镕力，居然铁石心。
尘沙空聚散，笔墨几升沈。
一砚平生足，磨人亘古今。

• 中药材干姜

汉字解“姜”

“姜”这个字有两个来源：一个来源是我们现在使用的这种字形；另一个来源是由“艹”与“强”的金文形体“彊”组合形成的字形，后来，这种字形又被写成“薑”。甲骨文中的“姜”字，从女，羊声。大致的字形从金文开始一直沿用到今天。《说文解字》中的释义是“神农居姜水，以为姓”。

按照许慎的解释，“姜”是我们中华民族的一位先祖——神农氏的姓氏。而且根据大多数古代文献记载，神农氏就是炎帝，因为他居住在一条名为“姜”的河流岸边，所以就用这条河流的名称做自己的姓氏。而在以部落、氏族为主的原始社会，社会形态基本属于母系氏族，家族血脉的延续一律以母系为线索。因此，被用作原始姓氏的汉字中大都包含“女”字旁，如黄帝姓“姬”，舜帝姓“妫”，大禹姓“姒”等，这些姓氏充分体现了远古时期母系社会的印迹。

显然，被用作姓氏的“姜”与现在用作调料的姜并不是一回事。这个字的第二个来源才是这种调料名称的真正源头。

古老字形上面的“艹”表明此字与植物有关，下面的“畺”表示字的读音与之接近。许慎在《说文解字》中把“薑”解释为“御湿之菜也”。

许慎的解释有两个要点：第一，明确了“姜”是一种植物；第二，明确了这种植物的一个主要作用是祛湿。清代名医汪昂在《医方集解》中曾经提到“干姜益阳而燥湿”“雨湿加生姜”等。可见，作为植物的姜本身可以入药，而且它的主要作用是祛除体内的湿气或是抵御外界湿气对人体产生的不良影响。由于具有这种明显的药理功效，姜一直被视作一种对健康有益的保健食材，而且对于其食用方法，民间也有不少讲究，如民谚“冬吃萝卜夏吃姜，不劳医生开药方”“上床萝卜下床姜”等。

第二节　姜入寻常百姓家

有关生姜的知识主要涉及传统农业知识、传统饮食知识、传统医学知识等方面，包括生姜地理标志与道地药材的人文因素，传统种植、传统炮制、传统配方、传统食用、传统菜谱等知识，相关特产的传统制作技艺，相关的传说与民俗，传统种植的土地利用系统和农业景观等。[①]

目前，与生姜相关的传统知识与文化遗产保护和利用尚未得到应有的重视，尚未编制可检索生姜的传统中医学数据库，没有认定的与生姜直接相关的“中华老字号”品牌，基于生姜传统知识的国家发明专利与国家实用新型专利也不多，在“小青龙汤”“小柴胡汤”“补中益气汤”等中医十大名方，“射干麻黄汤”“橘枳姜汤”等中医经典处方及“清肺排毒汤”中医国家新处方中，人们对生姜有效成分的细胞生物学与分子生物学机理仍不十分清楚。

① 刘慧萍：《农耕文化传承与农民权利保障的互动及协同——以乡村振兴战略为背景》，《理论与改革》，2018 年第 3 期，第 81–91 页。

家家食姜之味

从植物学上说，姜是一种多年生草本植物，它的块状根茎是中国菜最重要的调味品之一。经过上千年的发展，姜在中国已然成为一种文化符号，最著名的就是那句“姜还是老的辣”。成熟的新鲜姜根茎富含水分，被称为“生姜”，生姜放久就变成了“老姜”，老姜的辛辣味愈加浓烈。作为调味品的姜可以分为姜芽、子姜、生姜、老姜、泡姜、南姜、沙姜。此外，还有洋姜，它是外来品种，但一般是做咸菜吃，不用作调味品。

姜味道辛辣，具有去腥留香的功能，烹饪术语叫“定味”。但当遇到极端的腥膻味道时，姜的力道就不够了，需要它的“表兄弟”花椒和豆蔻来帮忙搞定。做鱼的时候，一般都要用姜片加上葱、料酒来码味，一般半小时到一小时，去腥的同时，能保留鱼的香味。

姜虽然能去腥留香，但是遇到特别细嫩的肉，会让肉丧失部分弹性，影响口感，所以广东菜的鱼生和日本料理中的刺身都舍弃了姜，用芥末或者其他特殊的香料代替。做海鱼的时候，一般也是加更加柔和的葱，而不会用到姜。姜还能杀寄生虫，所以吃河鲜、海鲜时，多用姜汁蘸食，一方面去腥，另一方面也可以防病驱寒。

在各个菜系的烹饪中，姜的使用方式和效果也不同。生姜和老姜是西南片区菜系中常用的调料，而且用量很大，多配合花椒等，令菜味辛辣、麻鲜。子姜在这些片区的菜系中也常用。前面已经提到，南姜和沙姜是潮州菜和广府菜中常用的，但生姜在这些菜系中用量较少。

“姜汁味”和“麻辣味”“鱼香味”一样，是川菜中的一大“味系”。比较著名的菜品有糖醋子姜、姜汁豇豆、姜汁蹄花、姜汁肘子、姜汁拐肉等。广东菜中除了前面提到的沙姜鸡，还有子姜炒鸭；上海菜有瓜姜鱼丝；江苏菜有嫩姜鸡脯；扬州菜有子姜肉丝；福建菜有芽姜牛肉片；湖南菜有老姜云耳肉片汤；等等。

姜一般作为调味品来使用，但有时候也直接和食材一起搅拌制作成美食。比如，做猪肉丸子，就适合把姜和肉一起剁碎，加水、盐、芡粉、面粉和匀，再挤成丸子。做猪肉丸子有两个地方要特别讲究：其一,一定要加盐，但不要多加，这样做成丸子汤的时候，味道自内而外地散发，会非常香；其二，最好选用猪的颈部肉，这里的肉滑，质脆，七分瘦、三分肥，做出的丸子别有味道。

除此之外，姜在日常生活中还有很多妙用。俗话说：“冬吃萝卜夏吃姜，不劳医生开药方。”意思是说，姜汤可以驱寒、治疗感冒，还有温中止呕、祛痰解毒的功效。在中国文化中，姜早已超越植物、调味品这一范畴，在医药、养生领域都有一席之地。

比如，感冒了喝姜汤已经是中国人都知道的常识。但这里有一个讲究，如果是治疗热感冒，熬姜汤的时候最好用去皮的生姜，而如果是治疗冷感冒（伤寒），熬姜汤时用带皮的姜最好。另外，姜还可以健脾胃，驱寒湿。生姜汁加上蜂蜜可以治疗中暑呕吐、化解积食、打嗝等，而喝姜茶还可以治疗痢疾。

明清之际的大思想家王夫之，号姜斋，他写过一部重要的诗歌理论著作《姜斋诗话》，其中有一首《卖姜词》，说姜“最疗人间病，乍炎寒”。王夫之认为姜味辛辣，是一味扶正驱邪的良药。“卖姜”者旨在用“姜”驱散明末清初那个变革与动荡时代中不正之人的邪心。用“姜”比喻治疗“人间病”的良药，文风可谓高雅脱俗。

姜，除了具有广泛的防病与养生功用，还有诸多奇妙用途。长沙马王堆汉墓出土了十几种植物香料，包括花椒、佩兰、茅香、辛夷、杜衡、藁本、桂、高良姜等。据学者考证，汉代人使用香料既有调味的目的，又有宗教祭祀、香身、防腐等实际用途，更有着对香料所蕴含的精神气质的迷恋。姜，自然也位列其中，具备实用和精神两种气质。

经过现代工业的改造，姜如今的用途更广了，姜油、糖姜片等被广泛使用，甚至还开发出了一种口感特殊的“姜汁啤酒”，据说很受大众欢迎。

市场刮起“姜风”

生姜在大众认知中，一直是滋补驱寒的代表。这种根深蒂固的印象，成为它跨界拓展的有力基石。如今，生姜早已突破饮品界限，广泛涉足烘焙、零食、功能性食品等多个领域，在现代食品工业中书写着新的篇章。

从中医理论来看，生姜性辛温，不仅能驱散寒气、加速血液循环，还能刺激胃液分泌，促进消化，对身体大有裨益。其独特的香气与味道，早在数千年前就被人类发现并利用。最初，生姜主要作为药用，古印度将其视为“上帝赐予的妙药”，用于治疗象皮病、痛风、消化不良等疾病。随着时间推移，生姜在饮食领域的应用愈发丰富。在印度，鲜姜是豆类咖喱的灵魂；“卡特卢”糖饯将生姜与树脂、坚果、糖完美结合；香味较淡的生姜则用于腌制柠檬汁、醋、盐及青椒。缅甸的“格恩－霍特”冷盘，日韩的腌渍泡菜，西餐中的姜汁啤酒、姜饼，都有生姜的身影。此外，姜油、姜粉、姜精油等衍生产品也层出不穷。

全球各地的生姜品种各具特色。日本生姜色泽偏白，味道稍苦，气味淡雅；泰国生姜多产于北方，形态饱满，节间短；印度生姜以浓烈的柠檬香气和极少的纤维组织，被公认为品质上乘；牙买加生姜散发着细腻的桉树般香气；澳大利亚生姜则拥有独特的柠檬气息。这些不同品种的生姜，为全球饮食文化的多样性增添了浓墨重彩的一笔。

生姜在全球范围内走红，本质上是人们对健康天然饮食追求的体现。芬美意的“Emotions 360™”研究表明，全球消费者对生姜的感知高度一致，常将其与力量、安全、信任等积极情绪联系在一起。这也使得生姜与柚子一同入选芬美意“2021 年年度风味”。国际市场咨询集团 IMARC 的报告显示，2021 年

全球生姜市场规模达 27 亿美元，预计到 2027 年将突破 43 亿美元，年均增幅达 8.5%。亚洲作为生姜种植的主产区，中国和印度的种植面积合计占全球 60% 以上；在贸易方面，中国、印度和泰国的出口额占全球 58%。欧洲市场对生姜的食用和药用价值认可度不断提升，荷兰、德国等国家在生姜贸易中扮演着重要角色。

各类生姜食品中，姜汁啤酒尤为引人注目。无论是市场规模还是增长速度，它都远超根啤和果啤。在全球主要餐厅中，姜汁啤酒的渗透率高达 9.42%。从市场趋势来看，未来几年生姜在零食和方便食品、酒精饮料中的应用将大幅增长，而在烘焙食品、糖巧中的应用则会逐渐减少，这一变化深刻反映出饮食偏好与食品工业创新热点的动态演变。

亚太地区凭借悠久的生姜食用传统和庞大的市场需求，在生姜提取物市场占据领先地位。随着人们对生姜功能认知的不断深入，相关产品研发也在持续创新。一方面，食品产业致力于开发稳定性更好、加工性能更佳的产品，如可食用的姜精油微胶囊复合膜，能有效延长冷鲜肉的货架期。另一方面，科研领域不断取得突破，美国佐治亚州立大学团队开发的生姜纳米颗粒，有助于肠道修复；德国公司 Cellavent Ingredients 将发酵有机姜黄与益生菌结合，创造出新型功能配料 Fermentlife；美国国立衰老研究所发现生姜相关提取物具有消除老化细胞的作用；日本研究证实黑姜提取物中的活性化合物可激活“长寿基因”。这些研究成果为生姜提取

物在功能食品领域的发展开辟了新道路。

在市场营销方面，全球受欢迎的生姜产品凭借独特视角吸引年轻消费者。一是通过风味碰撞制造惊喜，都乐的生姜混合果粒酸奶，将清爽的柚子、苹果与辛辣生姜搭配，结合脱脂酸奶，满足冬季健康饮食需求；卡乐比的腌红姜口味虾条、HIZATSUKI 制果的岩下新生姜炸酥条、Elements Truffles 的"松露"巧克力棒，都巧妙利用生姜的辛辣，与其他食材融合，创造出新奇口感。二是聚焦生姜的健康功能，FANCL 的生姜柚子味预防感冒冲剂、Stomach Settle Drops 缓解胃部不适含片，都以生姜为核心，开发出功能性健康产品。三是强化生姜的"温暖"属性，可口可乐"生姜 + 汽水"打破传统，推出可加热饮用的新口味，并通过明星营销和话题活动，塑造冬季暖饮形象；茶百道的"姜姜好的暖"系列产品，精准定位年轻女性，结合社交话题传播，成功实现产品出圈。

生姜从传统走向现代，从单一食材发展为多元产品，不仅是食品工业创新的成果，更是人们对健康生活追求的缩影。随着研究的深入和市场的拓展，生姜有望在未来为饮食文化和健康产业带来更多惊喜。

小生姜，大文旅

在食材与食疗的世界里，姜有着举足轻重的地位。然而，随着时代的变迁，种姜文化正面临逐渐流失的困境，年轻人对此知之甚少。为守护这一珍贵文化，2019 年，马来西亚客家文化协会槟城分会举办集体种姜活动，近 50 人齐聚现场，共同学习种姜技艺。

在槟城山上，种姜的农民 95% 都是客家人。对一位种姜农民而言，一年需种出约 3000 块姜，才能维持全家生计。种姜之路并不轻松，整个过程长达 8 个月，从播种到收获，每一个环节都需要悉心照料，这也使得愿意种姜的年轻人越来越少。山上姜的种类丰富多样，老姜、黄姜等不一而足，有些品种甚至难以叫出名字，而此次活动推广的便是最常用的老姜，鼓励民众在房前屋后栽种，让种姜文化融入日常生活。

在我国，也有着许多独具特色的种姜之地。广东始兴的南山姜，历史底蕴深厚。20 世纪 50 至 80 年代，北京同仁堂及香港某药业企业大量收购南山姜加工中药，使其种植规模一度达到近万亩。如今，南山姜主要集中在始兴县沈所镇南方村，种植面积 300 多亩（1 亩约等于 667 平方米），亩产量为 1000 ～ 1500 千克，相比其他品种较低，但因姜肉质鲜嫩，够辣够香，市场价格可观，销路畅通，年产值近 2400 万元。

南山姜种植要求严苛，需在植被良好的山坡采用炼山开垦种植法，即上一年冬天将杂草就地焚烧，草木灰埋入土壤，次年 2 月种植，11 月收获。收获后的“子姜”要深埋于山地 2 ～ 3 米处约半年进行后熟，成为“窖姜”或“老姜”。而且南山姜不能连作，轮作间隔需 8 年以上。凭借独特的栽培技术，南山姜在当地和珠三角地区成为畅销产品。在政府重视下，始兴县成立了南方村含秀生姜专业合作社，通过品牌化经营，不断做强南山姜产业，“南方生姜”作为无公害农产品和粤北山区名优土特产品，享誉省内外。

安徽铜陵白姜同样声名远扬。2023 年 11 月，安徽铜陵白姜种植系统被联合国粮农组织认定为全球重要农业文化遗产。铜陵白姜种植历史可追溯至春秋时期，在宋、明、清时期曾是朝廷“贡品”，北宋时期便已凭借优良品质闻名，形成一定产量规模。其独特的种植系统，凝聚着世代姜农的智慧结晶。

姜阁保种催芽、高畦高垄栽培、芭茅搭棚遮阴生长三项技艺，是铜陵白姜种植的精华。姜阁保种催芽传承千年，分为发汗期、保温期和催芽期三个阶段，通过不同阶段控制烧火材料与温度，确保姜种安全越冬和高发芽率；高畦高垄栽培结合当地气候和白姜生长习性，播种时做高畦高垄，生长过程中多次施肥培土，实现沟垄交替，既防涝又满足养分需求，保证姜的优良品质；芭茅搭棚遮阴则巧妙利用自然材料，满足白姜不同生长阶段的光照需求。

在长期农耕实践中，铜陵形成了浓厚的白姜文化。清明时节的“下姜阁”活动，开姜阁仪式、唱开阁歌热闹非凡；秋分时节的“开市”活动，朗诵白姜颂文、拔姜、“姜王”评选等环节精彩纷呈。每年秋天白姜收获时，铜陵街头随处可见百姓刮姜、晒姜、腌姜的忙碌身影。如今，铜陵白姜种植面积达 6000 多亩，开发出 80 余种产品，总产量超 1 万吨，年综合产值约 10 亿元。为保护铜陵白姜，当地政府出台《铜陵白姜保护办法》，实施白姜保险补贴、有机肥补贴、姜阁补贴等政策，并设立直销点，规范市场销售。

山东省济南市莱芜区同样是姜的重要产区，已成为华东地区最大的生姜主产区。1960年，全国“八省二市姜蒜葱规划会议”在莱芜召开，莱芜生姜被列为名贵产品。此后，莱芜生姜屡获殊荣，1985年获农牧渔业部优质产品奖，1996年被列入“国家星火区域性支柱产业”，1997年被命名为“中国生姜之乡”。2003年获得原产地标记注册，2008年获得地理标志证明商标，“姜老大”和“泰山”牌生姜成为北京奥运会专供生姜和“知名农产品区域公用品牌”，姜制品远销90多个国家和地区，打响了“全球生姜看中国，中国生姜看莱芜”的区域品牌。

这些地区的种姜文化，承载着历史的记忆与人们的智慧。从种植技艺到文化习俗，从传统农业到产业发展，种姜文化在传承中不断创新，在新时代焕发出新的生机，不仅为当地带来经济收益，更为我们留下了宝贵的文化遗产。

• 生姜喜生长在疏软的黄泥土里

第三节　从农田到工厂的姜油

21 世纪以来，生物科技蓬勃发展，在探索人类衰老奥秘的道路上，生姜凭借独特的成分脱颖而出。研究发现，生姜中的 6– 姜烯酚和姜烯酮 A，能在 48 小时内消除一半的衰老细胞。研究人员将这两种化合物按每升 20 微摩尔浓度处理人体老化细胞，不仅有效清除了老化细胞，还显著提升了细胞分裂活性。这一特性与葡萄籽中的 PCC1（原花青素 C1）、草莓和苹果中的漆黄素有着异曲同工之妙，为抗衰老研究提供了新方向。

在美容护肤领域，生姜也展现出独特魅力。英国小众草本护理品牌 NAPIERS 的生姜暖身按摩油，融合了生姜、柠檬油、荷荷巴油、桃仁油等多种高端植物精油。生姜能提升肌肤活力、提神解压、温暖身心；柠檬油富含维生素 C 和不饱和脂肪酸，可抵御肌肤氧化；荷荷巴油被誉为“液体黄金”，能软化角质、调节水油；桃仁油凭借丰富的维生素滋养肌肤，改善纹理和松弛问题，帮助人们告别肌肤粗糙缺水、暗淡无光的困扰。

从成分上看，生姜主要包含挥发油、姜油树脂和二苯基庚烷。其中，挥发油决定了生姜的香气与风味，倍半萜烯类碳水化合物占挥发油的 50% ～ 66%，α－姜烯含量最高，达 29% ～ 40%，β－倍半水芹烯、β－红没药烯、芳－姜黄烯等也在其中发挥作用。饮用姜茶后，血液中辛辣刺激性分子 6– 姜酚水平会显著升高，每升血浆可达 7 ～ 17 微克。低浓度的姜辣素能影响免疫细胞活性，而日常饮用姜茶的摄入量即可实现这一效果。

在食品加工领域，生姜正经历从普通食材到“浑身是宝”的转变。过去，生姜制品多为甜姜片、脱水干姜片等低档次产品。如今，随着人们健康意识提升，对天然食品原料和添加剂需求增加，生姜深加工技术不断进步。姜精油作为生姜深加工的重要产品，通过水蒸气蒸馏法提取，含有姜烯、姜醇等数十种化学物质，具有生理活性功能。其温热香辛、芳香宜人，广泛应用于饮料、焙烤食品、酒类等的加香调味，也是卷烟香精的常用原料，可作为高品质浓缩调味品替代传统香辛料。

山东青岛农业大学迟玉森教授主持的“生姜全方位综合高值深加工技术”项目成果显著。该项目运用超临界流体萃取、膜分离等技术，对生姜进行全方位深加工，生产出姜油、原姜汁饮料、姜乳膏等一系列高附加值产品。提取的姜油、姜醇、姜二酮等含量达 25%；原姜汁饮料保留营养成分，透明稳定；姜乳膏形式新颖，口感良好，保质期长。同时，项目还利用生姜废渣制取膳食纤维产品和生姜淀粉，实现资源充分利用，避免“三废”产生，推动生姜产业迈向新高度。

第三章 田野识姜

生姜作为一年生蔬菜栽培，以根茎繁殖，在我国许多地区均以种植当地的品种为主。因种类和品种不同，生姜的块茎大小、质地等植物学特性和块茎的成分也各不相同。根据生姜鲜食及加工的需要，应选择不同品种的生姜原料。生姜的成分及保健功能，取决于块茎的植物学特性及生姜产地和品种等。

第一节 姜的奇妙世界

生姜在世界温带、热带和亚热带地区广泛栽培。全世界有 50 多个国家种植生姜，其中，中国、印度、尼日利亚、印尼、孟加拉国等国占全世界生姜种植面积和产量的 90% 以上。中国是主要的生姜生产国和出口国，中国的生姜种植面积和产量占世界的 30% ～ 40%。我国生姜种植面积和产量主要集中在 8 个主产区，南方有湖北、湖南、四川、贵州、广西 5 个主产区，北方有山东、河南、陕西 3 个主产区。全国生姜种植面积稳定在 400 万亩左右。生姜类型多样，按照根茎或植株的用途，可分为食用药用型、食用加工型和观赏型 3 种；根据植物学特征及生长习性，可分为疏苗型和密苗型 2 种。生姜多数品种的分布都有一定的区域性，我国的生姜主要品种有山农一号大姜、莱芜大姜、莱芜片姜、青州竹根姜、鲁山张良姜、来凤凤头姜、枣阳生姜、新邵黄心生姜、郴州鸡爪姜、浙江红爪姜、铜陵白姜、抚州生姜、兴国生姜、福建红芽姜、广东肉姜、玉林圆肉姜、四川竹根姜、绵阳生姜、遵义大白姜、丹东白姜、台湾姜、野生姜等 50 多个。

生姜的植物学特性

（一）生姜的形态特征

1. 根

生姜属于浅根性植物，根少而短，多纵向分布在

广东人家里有插姜花的传统

家家户户必备的调味品

30 厘米以内的土层中。生姜的根包括纤维根和肉质根两种。纤维根细，根毛多，常分叉，是主要的吸收根系，故又称吸收根；肉质根粗，直径约 0.5 厘米，长 10 ～ 25 厘米，乳白色，不分叉，根毛少，兼有吸收和支持功能，可食用及加工。生姜根系不发达，分支较少，对土壤、肥料和水分等条件要求比较严格。

2. 茎

生姜的茎包括地上茎和地下茎两部分。地上茎直立，绿色，为叶鞘所包被，高 60 ～ 100 厘米，茎端完全由嫩叶和叶鞘构成。种姜发芽所长出的第一茎，称为主茎或主枝。主茎长到一定程度后，其茎部膨大形成根茎，叫“姜母”。姜母上的芽萌发生长出地面，形成侧枝，叫一次侧枝或一次分枝。一次侧枝基部膨大后形成的根茎即称为“子姜”。子姜上的侧芽又萌发长出地面，形成二次侧枝，其茎部膨大形成的根茎称为“孙姜”。孙姜侧芽再萌发，依次形成三次、四次侧枝。

3. 叶

生姜的叶子为披针形，绿色，叶长 18 ～ 24 厘米，宽 2 ～ 3 厘米。叶片互生，在茎上两侧排列，叶片下部具有不闭合的叶鞘，叶鞘狭长，抱茎，具有支持叶片和保护地上茎的作用。在叶片与叶鞘相连处有 1 对突出的膜状物，称为“叶舌”。叶舌内侧即为叶孔，新生叶片从叶孔抽出。

4. 花

生姜的花为穗状花序，花茎直立，高约 30 厘米，花穗长 5 ～ 7 厘米，由叠生苞片组成。苞片边缘为橙黄色或紫红色，每个苞片包着 1 个单生的绿色或紫色小花。但开花者极少，即使在全年高温多雨的马来西亚也很少见到生姜开花。在日本九州，仅在生长发育极好的情况下，才有极少数姜株抽薹，但因温度低，姜株也不能开花。在我国北纬 25° 以北的地区种植的生姜，一般不开花。平常在大棚里虽然有开花的姜株，但一般不结实。

（二）姜的生长周期

1. 发芽期

从种姜幼芽萌动到第一片姜叶展开，为生姜发芽期。发芽期包括催芽和出苗两个阶段，需 50 天左右。此期间的养分由种姜自身供给其发芽、生根和出苗。由于养分供给有限，生长量较小，仅占全期生长量的 0.2% 左右，但其生命力特别旺盛，为姜苗器官发育和旺盛生长的重要基础。

2. 幼苗期

从第一片姜叶展开到具有两个较大的分枝，即姜农所称“三股杈”时期为幼苗期，需 70 天左右。这一时期完全依靠姜母体供给营养，一直到姜苗能够吸收养分和制造养分。幼苗期主要生长部位为主茎和根系，生长速度较慢，生长量较小。幼苗期结束时，主茎叶片占全株总叶数的63.2%，生长量约占全株生长量的7.83%。在栽培管理过程中，应着重提高地温，促进发根和主枝茎叶的生长；及时清除杂草，培育壮苗，为旺盛生长期大量侧枝的发生、生长及根茎形成打下良好的基础。

3. 旺盛生长期

从“三股杈”至收获为生姜的旺盛生长期，需75天左右。旺盛生长期按生长中心不同，可分为前、后两个时期。旺盛生长前期，即“三股杈”至9月中旬，仍以地上茎、叶生长为主，侧枝大量发生，叶面积迅速扩大，根系继续发生，并有肉质根产生。根茎已经形成，姜球数随分枝数的增加而增加，但膨大速度较慢。旺盛生长后期为收获前30～40天，生长中心转移至根茎。此后，根量稳定，分枝速度减慢，叶面积基本达到平衡，叶片制造的养分主要输送并积累到根茎中。旺盛生长期至关重要，关系着生姜的产量。前期要促进发根，形成强大的光合系统，保持较强的光合作用和能力；后期要防止茎叶早衰，并结合浇水、追肥进行培土，为根茎膨大创造适宜的条件。

4. 根茎休眠期

生姜不耐霜，不耐寒。早霜来临，茎叶便因遇霜而枯死。因此，贮藏时节应选在霜期到来之前，使根茎进入休眠状态；贮藏过程中，要保持适宜的温度和湿度，避免姜块受热、受冻或干缩，最大限度地保持姜块的新鲜，以顺利度过休眠期。待翌年气温回升，再播种、发芽和生长。

收获时的生姜根茎新鲜，呈黄色，姜球上的鳞片与地上茎秆基部的鳞片均呈淡红色，称为“鲜姜”或“嫩姜”。经贮藏后，姜球上残留的地上茎和鳞片脱落，表皮老化变为土黄色，称为“黄姜”。黄姜作为姜种播种后，直到秋季收获后扒出，称为“老姜”。

生姜的类型

（一）按植物学特性分类

生姜按植株形态和生长习性，可分为疏苗型和密苗型两种类型。

1. 疏苗型

疏苗型的植株高大，茎秆粗壮，分枝少，叶色深绿，根茎节少而疏，姜块肥大，多呈单层排列。代表品种有广东疏轮大肉姜、山东莱芜大姜等。

2. 密苗型

密苗型的植株长势中等，分枝多，叶色绿，根茎节多而密，姜球较多较小，多呈双层或多层排列。代表品种有广东密轮细肉姜、山东莱芜片姜等。

（二）按用途分类

生姜按用途，可分为食用姜、药用姜和观赏姜等。

1. 食用姜

食用姜主要用途在于调味和制作成姜类制品，如泡制品、腌制品、糖渍品和酱渍品，可作为食品加工业和酿造业及化工业的原料或配料。

2. 药用姜

药用姜是以药用为主的品种，如四川犍为黄口姜、湖南黄心姜等。

3. 观赏姜

观赏姜是指以叶片上的美丽斑纹、花朵的颜色和形态、花的芳香，以及整个植株的优美姿态供人观赏的姜。属于姜科姜属的观赏姜，主要品种有纹叶姜、花姜、斑叶茗姜、壮姜、恒春姜和河口姜等。以上品种主要分布在我国台湾地区及东南亚一些地区。

（三）按产品形态分类

生姜产品分为成熟姜、子姜和姜芽。成熟的生姜不进行多次培土软化栽培，基本不改变根茎本身的自然生长形态，主要有调味姜和种姜两类。另外，种姜经过栽培后仍然可做调味姜，称为“老姜”。在南方地区，生姜多采用培土软化栽培方法，生产出修长嫩脆的子姜，采用大棚覆盖或人工增温方式生产出姜芽。

（四）按肉质颜色分类

姜农和消费者喜欢按照生姜断面的肉质颜色，把生姜分为白口姜、黄口姜和蓝口姜等。现在多数生姜品种的肉质为白色或黄白色，称为白口姜；肉质为深黄色的，称为黄口姜；白色略带蓝色的品种为蓝口姜，如荣昌蓝口姜等。

第二节 『姜』山如此多娇

我国的生姜资源丰富，各地品种较多，均是经过当地自然环境长期的选择、驯化和培养而成的，具有较强的适应性、良好的丰产性、优良的品质和独特的使用价值及加工特性。各地的生姜种植为发展地方经济发挥出积极作用。生姜在我国分布虽广，但由于在栽培上均采用无性繁殖，因此，其品种不及其他蔬菜多。我国生姜的地方品种多以其形态特征而取名，更多的是以地名称呼。部分生姜地方品种，也会以根茎或姜芽的颜色命名。

哪里的生姜最好吃

（一）山东生姜

在中国北方，山东、河北是我国生姜的主要产地，尤以山东生姜产量最高。

1. 莱芜片姜

山东省济南市莱芜区已有百余年的种姜历史，产量高、品质优、面积大，在国内名列前茅，为我国生姜主要出口基地。

山东莱芜片姜生长势强，株高 70 ～ 80 厘米，生长旺盛者可达 1 米以上。叶色翠绿，分枝性强，通常每株有 10 ～ 15 个分枝，多的达 20 个以上，属密苗型。根茎黄皮黄肉，姜球数多，排列紧密，节多而节间较短，姜球上部鳞片呈淡红色。肉质细嫩，辛香味浓，品质佳，耐贮运。一般单株产量 300 ～ 400 克，大的可达 1000 克，亩产 2000 千克左右，产量高的可

达 3500 千克以上。该品种过去为当地主栽品种，现在栽培面积较少。

2. 莱芜大姜

莱芜大姜植株高大，生长势强，一般株高 80 ～ 100 厘米。叶片大而肥厚，叶色深绿。茎秆粗壮，分枝数较少，每株有 6 ～ 10 个分枝，多的达 12 个以上，属疏苗型。根茎姜球数较少，但姜球肥大，节少而稀，外形美观。产量与莱芜片姜大致相同。该品种为莱芜区目前主栽品种。

3. 山农一号

该品种由山东农业大学选育。山农一号姜块大且以单片为主，纤维少，肉细而脆，辛辣味适中。地上茎分枝 10 ～ 15 个，叶色深，上部叶片集中，有效光合面积大。姜根少且壮，姜头少而肥，耐寒性强，商品性好，丰产性高。一般亩产 5000 ～ 6000 千克。

4. 昌邑大姜

昌邑大姜是山东省昌邑市的主要经济作物，种植历史已达 500 余年。昌邑大姜外皮金黄，皮薄块大，大小均匀一致，肉质鲜嫩，粗纤维少，口感脆，辛辣适中，姜味浓郁。

5. 沂水生姜

沂水生姜是国家农产品地理标志产品，在山东沂水县栽培已有300多年历史。沂水生姜外形美观，肉呈淡黄色，肉质细嫩，辛香味浓，味道纯正，耐贮运。主产区为山东省临沂市辖区的沂水县姚店子镇等19个乡镇。产品具有生姜的自然特征，姜块个大而均匀，平均姜块重500克，最大果重1000克，色泽鲜黄温润，姜块粗长饱满，清洁，不干皱，无病虫害、畸形、冻害、机械伤、发芽等缺陷，达到绿色食品的标准。

（二）四川生姜

自贡市大安区团结镇、内江市东兴区、内江市威远县新店镇民富村和泸州市泸县牛滩镇是四川生姜的主要产地。

1. 四川竹根姜

该品种为四川省地方品种，主要分布在川东一带。植株高70厘米左右。叶呈披针形，绿色，根茎为不规则掌状，表皮淡黄色，嫩芽及姜球顶部鳞片紫红色，肉质脆嫩，纤维少，品质优，适宜软化栽培。产量较高，一般单株根茎重250～500克，亩产2500千克左右。

2. 绵阳生姜

该品种为四川省绵阳市郊区地方品种。一般株高75～100厘米，分枝性强。叶呈披针形，长约27厘米，宽3～3.5厘米，绿色，根茎为不规则掌状，表皮淡黄色，纤维少，质地脆嫩，品质优良。一般单株根茎重500克左右，亩产2000～2500千克。当地4月上旬种植，穴播或沟播，8月下旬至11月收获。该品种是加工酱姜、泡姜的优良品种。

3. 成都二黄姜

该品种又名“坨坨姜”，分布于成都东山丘陵和雅安等地。

植株直立，株高60厘米左右，生长势强，分枝多。姜叶色深绿，嫩姜表皮浅米黄色，芽浅紫红色，老姜表皮黄白色、肉米黄色。耐肥耐热，不耐旱涝，抗病力较强。单株产量约250克，一般每亩产1000～1500千克嫩姜或1500～2000千克老姜。

4. 道安生姜

该品种是四川省蓬安县地方品种，分布在四川省南充地区。植株高66厘米，姜叶色淡绿，姜块肥大，纤维少，肉质细脆，辛辣味重。产量较高，单株产量为750～1000克，亩产2500千克左右。

5. 永福生姜

永福生姜产区属川东南红岩丘陵地貌，土壤宜耕性强，主要为棕红色砂质泥岩形成的灰棕紫泥土、红棕紫泥土、棕紫泥土，多为壤土，pH值5.7～7.5，耕作层深厚疏松，有机质含量高，土壤中富含铁、锌、碘、钠、钙等对人身体有益的微量元素，肥力中等，达到国家无公害农产品基地标准。永福生姜色泽嫩白无异斑，姜茎细长、分枝多，主茎长20～30厘米，宽2厘米左右。单株鲜重500克以上。肉质细嫩，纤维少，风味浓香适口，商品性好。2012年8月3日，中华人民共和国原农业部正式批准对“永福生姜”实施农产品地理标志登记保护。

6. 犍为黄口姜

该品种是四川犍为县地方品种，由于切口颜色偏黄，所以当地人叫它黄口姜。株高50～70厘米，叶呈披针形，浅绿色，分枝较少，根茎肥厚，节间距离短小，肉质茎横向生长，单株根径重500～800克。该品种淀粉多，纤维素少，水分少，气味辛，外形层层叠叠，多用于加工干姜。一般亩产2000千克。

7. 牛滩生姜

牛滩生姜产地主要分布在泸州市泸县玉蟾街道、福集镇、嘉明镇、得胜镇、牛滩镇、潮河镇、天兴镇、海潮镇等。牛滩生姜种植历史悠久，已有1800年的历史。牛滩生姜块大皮薄，纤维含量少，肉质脆嫩，筋少汁丰，细腻化渣，色鲜味美，具有较浓郁的芳香气，辛辣味中等，是制作川味泡姜的上好原料。

牛滩生姜单窝重500～1000克，肉质茎长20多厘米，分蘖4～5次，掌状宽30厘米，肉质单茎横径2厘米，表皮白色，根茎稍长，分枝较密，姜球呈双行排列。鲜姜外皮光滑，呈现乳白色至淡黄色，嫩茎芽尖有3～5个鳞片，姜块呈佛手状形态，适于鲜食、腌渍、糖渍等多种用途。每亩产1000千克，最高可达2500千克。

8. 罗盘山生姜

罗盘山生姜在唐朝被列为贡品，远销东南亚国家和中国港澳地区，具有表皮金黄、色泽鲜艳、肉质肥嫩、粗壮无筋、甜辣适口、易于存窖等特点。姜形如手掌，姜指长，皮白肉淡黄，表面光洁晶莹。罗盘山生姜地理标志农产品的地域保护范围包括新胜、塘坝、小渡、卧佛、五桂、太安6个镇（乡）。种植面积达到4.5万亩，年产量达到10万吨。

（三）广东肉姜

广东的生姜种植历史悠久，面积大，分布广，多进行间作、套作栽培，不仅供应国内市场，还大量出口国外市场。加工的糖姜为广东的出口特产。

1. 单排肉姜

该品种又称疏轮大肉姜。株高 50 ~ 70 厘米，叶呈披针形，深绿色，属疏苗型。肉质根茎上簇状分枝较疏，单株产量为 1000 ~ 3000 克。该品种喜阴凉，耐旱，忌水湿，抗病力较差。根茎肥大、饱满，肉脆，味辣，纤维少，品质优良。

2. 双排肉姜

该品种又叫密轮细肉姜。株高 60 ~ 80 厘米，叶色青绿，分枝密而多，呈双层排列，属密苗型。肉质根茎表皮和肉为浅黄色，嫩芽紫红色，肉质致密，纤维较多，味较辣，品质优良。单株产量为 750 ~ 2000 克。该品种喜阴凉，耐旱，忌水湿，抗病力较强。

广东省清远市连山壮族瑶族自治县特产连山大肉姜，又被称为“辣山芋”，有 200 多年的栽培历史，具有块根肥大、皮薄肉厚，色泽金黄，纤维少，肉质脆嫩，辣味适中、略带香味等特点。除了耐贮藏，还适合各种食材的加工，如姜干、姜粉、姜汁、姜酒、糖渍及酱渍等。对于喜爱粤菜的广东人，肉姜更是家常菜中几乎不可或缺的角色。2018 年 3 月 6 日，原国家质检总局批准对“连山大肉姜”实施地理标志产品保护。

（四）浙江生姜

浙江省的主要生姜产地包括永康市和嘉兴市南湖区，主要品种有红爪姜、龙爪姜、黄心姜等。

1. 红爪姜

该品种为浙江嘉兴、临平农家品种，在南方各地普遍栽培。因分枝节处表皮呈浅紫红色、形状如爪而得名，又名“大莲姜”。植株生长势强，株高 60 ~ 80 厘米，分枝不多。芽呈淡红色，姜块皮色淡黄，肉质鲜黄，纤维少，辛辣味浓，品质优良。耐干旱，发病少，适应性强，特别适宜于红壤、黄壤山地种植，适合密植。产量高，单株产量高的有 1500 ～ 2000 克。嫩姜可腌渍或糖渍加工，老姜可做调味品。

磐安红爪姜为磐安优良地方品种，块根淡黄色，根茎结合部鲜红色，皮薄肉厚，肉质致密，辛辣味较强，芳香味浓郁，质嫩可口。老姜是调味佳品，嫩姜可做蔬菜炒食，售价明显高于普通大姜。2021 年 4 月，磐安红爪姜入选 2021 年第一批全国名特优新农产品名录。

2. 龙爪姜

该品种在江苏、浙江等省种植较广。植株生长势强，根茎肥大，一株可达 500 克。姜皮淡黄色，芽尖绿里透红，形如龙爪，故称“龙爪姜”。肉质蜡黄色，纤维少，辛辣味平和，品质好，适应性强，产量高，适合加工成生姜制品。

3. 黄心姜

该品种是浙江省杭州市临平一带的地方品种，又名“黄爪姜”“小莲姜”，在浙江省和湖南省新邵县种植较多。株型紧凑、较矮，根茎分枝性强，分枝多，一般有 4 ～ 5 个分枝。体型小，皮色淡黄，芽不带红色，节间较短，肉质细密，辛辣味重。单株产量 500 ～ 1000 克。抗病力较差，易染病，适应性弱。含水量较少，适合晒制干姜和药用。

（五）湖北凤头姜

凤头姜，因其形似凤头而得名，主产湖北省恩施土家族苗族自治州来凤县。凤头姜在来凤具有 500 余年的种植和加工历史，产量居湖北省之首。来凤县凤头姜品质独特，姜块表皮黄白色，表面光滑，纤维少，肉质脆嫩，辛辣味重，香味清纯，具有皮薄色鲜、富硒多汁、纤维化程度低、营养丰富、风味醇美等特点。能提取姜油酮、姜油、香精等制作医药化工用品。2007 年 12 月 28 日，国家原质检总局批准对“来凤凤头姜”实施地理标志产品保护。

（六）河南生姜

河南生姜的主要产地包括南阳、信阳，以及安阳内黄县和鲁山县等地。主要品种有鲁山张良姜、博爱怀姜等。

1. 鲁山张良姜

该品种为河南省鲁山县张良镇地方品种，栽培历史悠久，相传汉代时曾列为贡品。植株生长势强，纤维少，香味浓厚持久，含水量少，久煮不烂，耐贮运。产量高，一般亩产可达 2500 千克。

2. 博爱怀姜

怀姜产地是古怀庆府，现河南省焦作市的沁阳、博爱等地，主要分布于焦作市沁阳山王庄镇，博爱县北部的清化、上庄、柏山、许良、月山等乡镇。其特点为姜块大，丝细，产量高，而且品质佳，味道鲜，香辣爽口，百煮不烂，抗逆力强，含水量少，易加工贮藏。博爱怀姜有 1600 多年的栽培历史，清朝乾隆皇帝下江南时，品尝怀庆清化姜后，赞不绝口，将其奉为宫廷贡品。怀姜是兰州牛肉面的主要食材之一。怀姜做牛肉面的调味品，与牛肉面味道相得益彰，堪称一绝。

20 世纪 30 年代前，博爱怀姜种植面积曾达 1950 多亩，产品远销西北、华北诸省，并有少量出口。2016 年 12 月 28 日，国家原质检总局批准对“怀姜”实施地理标志产品保护。

（七）湖南生姜

湖南生姜的主要产地在永州市江永县和衡阳市下辖的常宁市，主要品种有鸡爪姜、江永香姜。

1. 鸡爪姜

该品种分布于湖南省郴州和耒阳等地。姜株矮小，分枝多，根系较发达，地下茎不肥大，形似鸡爪，单个如同竹根，节间短密，最大姜块约 250 克。肉质细密，辛辣味淡，为药用干姜的主要原料。含水量少，耐贮藏，不易染病。由于其产量不高，且不宜作为蔬菜食用，所以姜农种植较少。

2. 江永香姜

江永香姜，是永州有名的特产，是湖南省永州市江永县特色农产品“江永五香”之一，既可鲜食，又可腌制和加工，有发汗、温胃、驱风寒、解毒杀菌的功能。清光绪《永明县志》载有“�篮处处卖红姜”的诗句。以夏层铺镇福洞村出产的无渣生姜质量最好，民谣赞颂：“福洞出生姜，盖过远近十八乡，脆如冬笋嫩如瓜，一家炒姜满村香。”江永香姜外观晶莹如玉，形似手掌，姜上有节，嫩芽和节部鳞片呈紫红色，有如玲珑雕塑，娇艳可爱，一般每株重 750 ～ 2000 克。种植地域包括江永县粗石江镇、桃川镇、夏层铺镇、潇浦镇、上江圩镇、千家峒瑶族乡、兰溪瑶族乡、源口瑶族乡等乡镇。

（八）安徽铜陵白姜

该品种分布于安徽省铜陵地区。姜株高 70 ～ 80 厘米，高者可达 100 厘米以上。生长势较强，根茎肥大，皮淡黄色，纤维少，肉质细嫩，辛味浓，辣味适中，适宜腌渍或糖渍加工。

单株产量一般为500克左右。

（九）福建生姜

福建生姜主要产地有龙岩市上杭县、漳州市长泰区、泉州市、福安市等，主要品种有红芽姜、竹姜、大铭生姜等。

1. 红芽姜

该品种分布于福建省、湖南省等部分地区。姜株生长势强，分枝较多，根茎皮淡黄色，芽呈淡红色，叶鞘基部节间短缩，幼嫩叶也带红色，肉质蜡黄色，纤维少，品质风味好。比较抗病，产量高，单株产量500克以上。

2. 竹姜

该品种分布于福建省部分地区。姜株生长势强，根茎长度为17～20厘米，节间长，稍细小，芽带红色，纤维少，适宜加工。单株产量500克左右。

3. 大铭生姜

大铭生姜块茎扁平，肉色鲜黄，丝少肉细，芳香辛辣，姜味浓郁。主产区为福建省泉州市德化县辖区内的龙浔镇等18个乡镇，生产规模达2万多亩，年产量达5万吨。

（十）广西生姜

广西生姜的主要产地包括全州县、西林县、田林县、隆林各族自治县、靖西市等，主要品种有以下6种。

1. 圆肉姜

该品种为广西壮族自治区玉林地方品种。姜株较矮，高40～52厘米，分枝数较多，根茎皮淡黄色，肉黄白色，芽紫红色，肉质脆嫩、味辣。单株产量750克，亩产量较高。

2. 西林火姜

该品种为广西壮族自治区西林县地方品种，又名细肉姜。株高 50 ～ 80 厘米，分枝较多，姜球较小，个体匀称，呈双层排列，根、茎、皮、肉皆为淡黄色，嫩芽紫红色，肉质致密，辛辣味浓，是制作烤姜块（片）的主要原料。

3. 靖西大肉姜

该品种为广西壮族自治区百色市靖西地方品种。姜球呈单行或双行整齐排列，姜头圆，色泽鲜亮，表皮光滑，呈浅黄色。姜肉浅白色，肉质细嫩，辛辣、弥香，纤维少，松脆可口。

4. 柳江大肉姜

该品种为广西壮族自治区柳江地方品种。姜芽紫红色，姜表皮黄色，根茎稀疏，肉黄白色，单株重 1000 ～ 2000 克，最重 2500 克。生长期 180 ～ 270 天，喜高温，忌寒冷，畏强烈光照，喜阴凉湿润环境。姜分蘖力强，一般分生 16 ～ 20 条，肉质肥嫩，具特殊香辣味，较耐贮藏，适合做菜姜和加工姜。

5. 玉林圆肉姜

该品种为广西地方品种，广西各地均有种植，以玉林地区栽培较多。植株较矮，一般株高 50 ～ 60 厘米，分枝较多，茎粗约 1 厘米，叶青绿色，根茎皮淡黄色，肉黄白色，芽紫红色，肉质细嫩，辛香味浓，辣味较淡，品质佳，较早熟。不耐湿，较抗旱，抗病能力较强，耐贮运。单株一般重 500 ～ 800 克，最重可达 2000 克。

6. 石塘生姜

该品种是广西壮族自治区桂林市全州县石塘镇的特色农产

品，该镇尤以生姜、淮山、槟榔芋、豆豉等享誉区内外，合称为石塘“四宝”。石塘生姜，表皮光滑洁白，芽带淡粉色，肉为水白色，细长条，皮薄肉厚，汁多渣少。姜香浓郁悠长，口感鲜嫩、脆爽，有一股淡淡的辛甜味、辛辣味。2017 年 12 月 29 日，国家原质检总局批准对“石塘生姜”实施地理标志产品保护。

（十一）江西生姜

江西生姜产地包括南丰县、兴国县和广昌县等，主要品种有兴国生姜、抚州生姜等。

1. 兴国生姜

该品种分布于江西省兴国县、抚州市、于都县、上高县和九江市等地。兴国九山生姜为江西名特产蔬菜之一，栽培历史悠久，兴国县全县均有种植。姜株生长势较强，株高 70 ～ 90 厘米，根茎肥大，姜球呈双层排列，皮淡黄色，肉黄白色，嫩芽淡紫红色，质地脆嫩，纤维少，辛辣适中，品质优，耐贮运。单株产量为 300 ～ 400 克，亩产量为 1500 ～ 2000 千克。子姜和冬姜主要作为蔬菜及调味用，窖姜及陈年老姜多做药用。兴国生姜适合加工成酱姜、五味姜、白糖姜片、脱水姜片及姜粉等。

2. 抚州生姜

该品种为江西省抚州市临川区及东乡区地方品种。抚州生姜姜株直立，株高 70 厘米左右，叶片呈披针形，青绿色。根茎表皮光滑，淡黄色，肉黄白色，嫩芽浅紫红色。纤维较多，辛辣味强。该品种喜阴湿温暖，不耐寒冷与酷热，宜间作或搭棚遮阴种植。单株产量为 400 克左右，亩产 1800 ～ 2000 千克。

（十二）贵州生姜

贵州生姜的产地包括兴义市、黎平县、安顺市和荔波县等，主要品种有大白姜、兴义生姜等。

1. 大白姜

贵州大白姜又名芋头姜，分布于贵州省遵义、湄潭等地，多分散种植。形如芋头，纤维少，辣味淡，不香，含水多，易腐烂，不耐贮运。一般单株产量为 350 ～ 400 克，高者可达 500 克以上。该品种药用价值不大，嫩姜适宜炒食和作为加工成盐渍或糖渍品的生产原料。

2. 兴义生姜

兴义生姜地域范围为贵州省兴义市所辖清水河镇等 15 个镇。兴义生姜根基分枝中等，呈不规则紧密排列，节间短；姜球纺锤形，表皮光滑，淡黄色；姜肉黄色，色泽鲜亮，肉质细嫩，纤维少，香气浓郁，辛辣味重。年产量 10 万吨，产值 2 亿元。

（十三）云南罗平小黄姜

罗平小黄姜为云南省罗平县地方品种。姜质细，纤维少，含油量高，色泽鲜美，芳香浓郁。其素以肥硕、饱满、质细、纤维少、汁丰、色鲜味美的品质著称。亩产量约为 1500 千克。

（十四）台湾肥姜

台湾肥姜为台湾地方品种。全生育期 210 天左右，嫩姜收获期 160 天左右。生长势强，一般株高 75 ～ 85 厘米，高的达 1 米以上。单株分枝一般 9 ～ 13 个，多的可达 18 个。叶梭形，最大叶片长 20 ～ 30 厘米，宽 3 ～ 3.5 厘米，叶深绿色。地上茎直立，绿色，茎粗 1.5 厘米，地下茎姜母 7 节，子姜 5 ～ 6 节，孙姜 4 ～ 5 节，姜球肥大，刚收获时鲜姜淡白色，姜球上部鳞片淡红色，经贮藏后表皮变为土黄色，纤维少，肉质细脆，辛辣味淡。单株根茎重 550 克左右。

生姜的地理标志与商标认证

生姜植物新品种权应属于农业植物品种系统。2016 年 4 月 16 日，原农业部公布了第 10 批《中华人民共和国农业植物品种保护名录》，其中包含了姜。然而，迄今为止尚未有其植物新品种的申请。

1. 地理标志

我国地理标志保护目前存在三个系统：第一个是国家知识产权局的地理标志产品保护；第二个是国家商标局的地理标志商标（证明商标或集体商标）注册；第三个是农业农村部的农产品地理标志登记。生姜有 8 种国家地理标志产品、35 种国家地理标志商标、15 种国家农产品地理标志。其地理标志保护范围涉及安徽、山东、湖北、湖南、江苏、浙江、福建、广西、贵州、四川、重庆、河南、河北、辽宁 14 个省（自治区、直辖市）。[①]

生姜相关的国家标准主要有《生姜》（GB/T 30383—2013）、《生姜生产技术规范》（GB/Z 26584—2011）、《食品安全国家标准　食品添加剂　生姜油》（GB 1886.29—2015）等。然而，上述地理标志生姜均无地理标志产品的国家标准。

---

① 孙元鹏、程正、刘于思等：《生姜的文化传承·科技创新和高质量发展研究》，《安徽农业科学》，2021 年第 2 期，第 243-247 页。

表 3.1　地理标志生姜原产省份涉及生姜的国家专利比较

单位：项

省份	发明	实用新型	外观设计	专利总数
安徽	6289	54	74	6417
山东	4390	214	37	4641
江苏	3326	76	34	3436
广西	2640	18	22	2680
四川	1449	58	42	1549
浙江	1279	85	74	1438
河南	1326	40	27	1393
贵州	1133	39	40	1212
湖南	976	45	55	1076
湖北	955	26	12	993
重庆	793	63	13	869
福建	618	92	47	757
辽宁	454	5	6	465
河北	293	29	9	331

表 3.2　生姜国家地理标志

类型	种数	地理标志
地理标志产品	8	安丘大姜、来凤凤头姜、铜陵白姜、蟠桃大姜、西林火姜、怀姜、牛滩生姜、石塘生姜
地理标志商标	35	犍为生姜、荣昌盘龙生姜、金寨生姜（注册号 15769577）、金寨生姜（注册号 15769578）、老集生姜（注册号 9926877）、老集生姜（注册号 17992320）、铜陵白姜、大田金阳生姜、火田生姜、品甸生姜、丰润生姜、来凤姜（注册号 14416300）、来凤姜（注册号 14419988）、松滋生姜、常宁无渣生姜、凤凰生姜、托口生姜、江永香姜、葛武嫩姜片、安丘大姜、昌邑大姜（注册号 8204416）、昌邑大姜（注册号 29307180）、胶莱大姜、莒县大姜（注册号 8382741）、莒县大姜（注册号 8382742）、莱芜生姜、莱州大姜、乳山大姜、郯城生姜、石桥子大姜、筠连筠姜、新丰生姜（注册号 8265881）、新丰生姜（注册号 8265882）、彭水生姜、和林生姜

截至 2020 年底，全国获得农产品地理标志认证的生姜产品共有 24 种，分别是江永香姜、犍为麻柳姜、张良姜、沂水生姜、盖州生姜、罗盘山生姜、清化姜、昌邑大姜、邵店黄姜、蟠桃大姜、永福生姜、西坝生姜、保田生姜、郧西黄姜、莱芜生姜、永康五指岩生姜、千佛竹根姜、铜陵白姜、镇宁小黄姜、大铭生姜、马寨生姜、托口生姜、兴义生姜、凯里生姜。

2. 专利认证

在国家地理标志生姜 14 个原产省份中，安徽、山东、江苏获得涉及生姜的国家专利较多。

1995 年修正的《中华人民共和国商标法实施细则》，首次将集体商标、证明商标纳入法律的保护范畴。生姜有 2 件集体商标（江永香姜、犍为麻柳姜）和 33 件证明商标（金寨生姜、老集生姜、铜陵白姜等），并且这 35 件商标均为国家地理标志商标。

生姜相关的中国驰名商标主要有昌邑大姜等，莱芜生姜、昌邑大姜入选“中国农业品牌目录 2019 农产品区域公用品牌”。

我国蔬菜生姜的绿色食品认证涉及安徽、广东、河北、湖南、山东、四川、云南、浙江、重庆 9 省（含直辖市），共有 28 家企业（专业合作社），绿色蔬菜生姜年产量近 6 万吨。生姜制品的绿色食品认证涉及生姜麻糖、生姜挂面、生姜腐乳 3 类，涉及湖北、湖南、云南 3 省，共有 9 家企业（专业合作社）、10 份绿色食品认证书，绿色生姜制品年产量近 650 吨。

以地理标志生姜为主导的特色优势农产品，可以在地理标志保护范围和优势县域，创建特色鲜明、优势集聚、市场竞争力强的国家级与省级特色农产品优势区，从标准化生产基地、加工基地、仓储物流基地到完善科技支撑体系、品牌与市场营销体系、质量控制体系等建设，以及利益联结紧密的建设运行机制建立等方面，建设生姜等特色农产品优势区，形成生姜特色农业产业集群。以集体商标与证明商标（含地理标志商标）、地理标志产品、农产品地理标志、中国驰名商标等为基础，遴选具有区域代表性和价值的生姜区域公用品牌，切实提升品牌管理水平，优化品牌标识，实施品牌营销战略，全面培育与打造生姜区域公用品牌，争取荣登中国百强农产品区域公用品牌、中国区域品牌（地理标志产品）百强榜。

生物特质的姜品种

1. 红球姜

红球姜的花朵为球果状，在后期会变为红色，所以被称为红球姜。红球姜不仅能作为一种蔬菜，还能调制成香精，同时具有很高的观赏价值和药用价值。《广西植物名录》记载：“根茎能祛风解毒，治肚痛、腹泻，并可提取芳香油作调合香精原料；嫩茎叶可当蔬菜。”

红球姜的植株高达 2 米，根茎块状，内部淡黄色，叶呈披针形或长圆状披针形，无毛或下面被疏长柔毛，无柄或具短柄，苞片覆瓦状排列，初淡绿色，后红色。边缘膜质，被柔毛，内常有黏液；花萼膜质，萼管顶端一侧开裂，花冠管纤细，裂片披针形，淡黄色，唇瓣淡黄色，中裂片近圆形或近倒卵形，侧裂片倒卵形；蒴果椭圆形，长 0.8 ～ 1.2 厘米，种子呈黑色。花期 7 ～ 9 月，果期 10 月。

目前，我国的红球姜主要产自广东、广西及云南等全年气候相对温和的地区，适于各种土壤生长，以肥沃、排水良好之土或砂质土、腐殖质土种植最好。红球姜喜温暖气候，植株对光照强弱反应不敏感，耐阴。以无性繁殖为主，一般采用分株法、分根法繁殖，生产上大面积栽培时可用工厂化组培快繁育苗，分根繁殖一般在春季进行。

2. 沙姜

沙姜也叫三柰子、山辣等，主要在我国广西、云南、台湾及海南等地种植，适合在含碳质较多的土壤中生长。沙姜具有独特的香味，同时还能起到消食、止痛的作用。沙姜既可以进行无性繁殖，又可以进行有性繁殖。

沙姜属多年生低矮草本植物，根茎块状，单生或数枚连接，芳香。叶通常贴近地面生长，近圆形，无毛或于叶背被稀疏的长柔毛，无柄；花顶生，半藏于叶鞘中；苞片呈披针形，花白色，有香味，易凋谢；花萼约与苞片等长；唇瓣白色，雄蕊无花丝，药隔附属体正方形，果为蒴果。8～9月开花。

生姜味辛辣，可将自身的辛辣味和特殊芳香渗入菜肴中，使之鲜美可口，味道清香。因为其味清辣，只将食物的异味挥散，而不将食品混成辣味，宜做荤腥菜的矫味品，亦可用于糕饼糖果制作，如姜饼、姜糖等。沙姜也有辛辣味，但比生姜要淡一些，沙姜不仅能去腥，还有提鲜增香的作用，这是生姜所不具备的特点。沙姜尤其适合用于各种肉类食材的烹调，也可以用于配制卤汁，或作为“五香料”的配料。

3. 山姜

山姜是姜科的一种多年生草本植物，它对环境的适应性很强，分布范围广，世界各地均有分布。山姜主要的价值是观赏和药用。它的药用价值和砂仁相似，所以在很多时候会被当作砂仁的替代品使用。植株具横生、分枝根茎；叶呈披针形、倒披针形或窄长椭圆形；总苞片呈披针形，开花时脱落，唇瓣卵形，白色，具红色脉纹；蒴果球形或椭圆形，成熟时橙红色；种子多角形，有樟脑味。花期4～8月，果期7～12月。

山姜喜温暖湿润环境，选择疏林下、排水良好、土壤肥沃、疏松的地块作为圃地。定植前将圃地深翻25～30厘米，清除杂草及草根，然后耙细整平，施入腐熟肥做基肥，与土壤拌匀备用。山姜喜明亮的光照，但也耐半阴，在疏松、排水良好的

肥沃土壤中生长良好，也可生长于山坡、路旁、林缘或林下阴处。山姜的繁殖方式为分株繁殖，在春秋季进行。山姜叶色艳丽，十分迷人，多用于景观山石，也可作为室内花园点缀植物，具有很好的观赏价值。

4. 南姜

南姜也叫芦苇姜、红豆蔻，主要在我国台湾种植并被广泛使用。南姜的外形和树根十分相似，颜色偏白色。南姜具有散寒、消食、止痛的作用，除药用外，还大量用作调味品（如盐焗鸡粉等）、香料、药酒及驱虫剂等。南姜粉为“五香粉”原料之一。南姜是潮汕地区不可缺少的食材，常用于去除鱼腥，卤鸭、卤鹅也会使用南姜来去腥味、提味；潮汕传统的小吃橄榄糁，南姜是最重要的佐料；街头的一碗牛杂粿条也会撒上南姜末调味。古埃及时代，南姜被用作烟熏材料。欧洲中世纪，南姜被作为药材与辛香料使用。直至今日，南姜仅余潮汕地区及东南亚地区仍在使用，其他各地已经极少得见。

南姜体积较大，表皮颜色偏白，姜芽处呈微红色。不耐寒，喜冬季温暖、夏季湿润的环境，抗旱能力差，生长初期宜半阴，生长旺盛期需充足阳光。种植南姜的土壤宜肥沃，保湿力强。姜花有清新的香味，放于室内可做天然的空气清新剂。南姜采用分株繁殖法，繁殖速度快。姜花对土壤适应性强，栽培土质以肥沃疏松、排水良好的壤土或砂质黏壤土最为适宜，但土壤应经常保持湿润或种植时靠近水源。春、夏、秋三季均可种植，但以春季 2、3 月份种植最好。

5. 高良姜

高良姜也叫风姜，具有经济价值的部位主要是其干燥的根部，且主要体现在药用价值方面。高良姜主要用来缓解胃寒呕吐、暖胃去寒气及止痛。呈圆柱形，多弯曲，有分枝，长 5 ～ 9 厘米，直径 1 ～ 1.5 厘米。表皮棕红色至暗褐色，有细密的纵皱纹及灰棕色的波状环节，节间长 0.2 ～ 1 厘米，一面有圆形的根痕。质坚韧，不易折断，断面灰棕色或红棕色，中柱约占 1/3，气香，味辛辣。表皮细胞外壁增厚，有的含红棕色非晶形物。皮层中叶迹维管束较多，外韧型，内皮层明显，中柱的外韧型维管束小而密，近内皮层处连成环状，维管束鞘纤维成环，壁厚，非木化或微木化。皮层及中柱薄壁组织中散有多数分泌细胞，内含黄色或红棕色树脂状物，薄壁细胞充满淀粉粒。

6. 洋姜

洋姜一般指菊芋，菊科，向日葵属多年宿根性草本植物。洋姜属中药材的一种，分布范围较广，在我国的华北、华南、华东及华中等地均有广泛种植。洋姜是一种块茎状的地生植物，主要生长在温带生物群落中。其地下块茎富含淀粉、菊糖等果糖多聚物，可以食用，煮食或熬粥，腌制咸菜，晒制洋姜干，或做制取淀粉和酒精原料。在种植的时候，一般使用块茎繁殖的方式。高 1 ～ 3 米，有块状的地下茎及纤维状根。茎直立，有分枝，被白色短糙毛或刚毛。叶通常对生，有叶柄，上部叶

互生，下部叶卵圆形或卵状椭圆形。头状花序较大，少数或多数单生于枝端，有 1 ～ 2 个线状披针形的苞叶，直立，舌状花通常 12 ～ 20 个，舌片黄色，开展，长椭圆形，管状花花冠黄色，长6毫米。瘦果小，楔形，上端有2～4个有毛的锥状扁芒。花期 8 ～ 9 月。

洋姜被联合国粮农组织官员称为“21 世纪人畜共用作物”。洋姜原产于美国至加拿大中部和东部，17 世纪传入欧洲，后传入中国。耐寒抗旱，块茎在 –30℃的冻土层中可安全越冬。早春幼苗能忍受轻霜，秋季成叶能忍受短期 –4℃～ 5℃。温带 18℃～ 22℃，光照 12 小时，有利于块茎形成。耐瘠薄，对土壤要求不严，除酸性土壤、沼泽和盐碱地带不宜种植，一些不宜种植其他作物的土地，如废墟、宅边、路旁都可生长，宅舍附近种植兼有美化作用。

第四章 保鲜存储与加工

可供贮藏的生姜主要包括种姜、老姜、加工姜和菜用鲜姜等，贮藏时间多为 3 ～ 5 个月。一般来说，贮藏时间越短，其贮藏方式就越简单；贮藏时间越长，对贮藏条件的要求就越严格。生姜贮藏应根据贮藏的目的选择适当的贮藏方式。生姜采后的贮藏和加工，可有效调节鲜姜生产淡旺季的供应需求，常年供应鲜姜，有效避免了生产旺季生姜扎堆上市导致的销售价格降低的问题，有利于促进生姜种植产业健康可持续发展；同时，鲜姜贮藏保鲜关键技术的研究和应用，可解决鲜姜在采收季节因为腐败和霉变被大量丢弃而污染环境的问题；另外，鲜姜系列深加工产品的开发，可使鲜姜加工真正实现清洁生产，绿色环保，生态效益显著，提升种植者对生姜特性、采后处理和加工方法的理解，减少不必要的经济损失，增加收入。

第一节 生姜存储『保鲜法』

姜的成熟根状茎称为生姜，表皮为木栓化组织，内部纤维素含量相对较多，水分含量常在85%左右。因为生姜是一种一年一季的农作物，为了增加其经济效益及市场的供应平衡，生姜上市前，都需要经过一定时间的贮藏，但是在此期间容易发生生姜病虫害，以及异味、变质等不良反应，从而大大限制生姜产业的发展。我国关于鲜姜及老姜长期储存和保护的方法探索较为深入，生姜保鲜技术比较成熟。

生姜的贮藏特性变化

生姜性喜温暖多湿，在10℃以下极易受冷害，受冷害的姜块在温度回升时易腐烂，贮藏温度过高也易造成腐烂。因此，生姜既怕冷又怕热，温度不可过低或过高，一般控制在15℃左右，13℃～14℃最为适宜。生姜需要高湿贮藏，湿度过低会使姜块萎缩，造成耐藏性和抗病性下降，但湿度过高又会促进发芽并易引起腐烂。生姜在贮藏过程中，应特

别注意温度和湿度的管理。

生姜在贮藏过程中，其结构会发生显著的变化。初收获的生姜既嫩又脆，呼吸旺盛，且根茎易脱皮。据观察，生姜入窖半月后，其幼嫩表皮细胞开始在窖壁上积淀栓质；入窖1个月左右，根茎逐渐老化，皮肉相合，不再脱落；同时，剥去茎叶处的疤痕长平，顶芽处长圆，称为“圆头”。这一阶段是生姜完善自身、加强耐藏性的过程。经圆头后的生姜，会形成较厚的周皮，作为保护层，组织紧密，便于贮藏、运输及加工。

1. 生姜在贮藏过程中的变化

生姜成熟采收后，要经过一段休眠之后才会出芽。同时，生姜中的芳香油具有抑制和杀灭细菌的作用，比较耐贮藏。但在贮藏过程中，姜油会不断挥发，不仅使香气逐渐消失，还减弱了杀菌的能力。生姜的含水量与洋葱相仿，但是外皮保护层较差，水分容易蒸发而引起萎缩，使耐藏性和抗病性减弱，容易被病原微生物感染，发生各种病害。此外，生姜喜温和，好湿润，不耐高温或低温，怕干燥。一般温度低于10℃时，生姜就容易受冻害。空气相对湿度在90%以下，生姜就会因严重失水而萎缩干瘪。通风时间不宜过长，通风量不宜过大，如被冷风直吹，会引起“伤风”。生姜贮藏的空气相对湿度为90%～95%，通风应在16℃～20℃时进行。室温在20℃以上，应加强通风；室温在10℃以下，不宜通风，同时，应防止寒风侵入，避免生姜受冻和“伤风”。

2. 生姜的贮藏保鲜技术

片姜和黄爪姜耐藏性较强，适宜贮藏。按照生长期的不同，母姜中又有伏母姜、秋母姜和铁豆母姜（立冬前挖的）之分。

其中以秋母姜和铁豆母姜适宜贮藏。特别是铁豆母姜，身骨老结，抵抗力强，耐寒，尤适于贮藏。立秋至寒露采收的嫩姜，和伏母姜一样，一般只能短期鲜藏。立冬之际采收的新姜产量高，品质好，最耐贮藏。因此，准备贮藏的生姜，应以片姜和黄爪姜中的新姜为主，其次是铁豆母姜和秋母姜。

应选择晴朗的天气采收生姜，块茎要干燥，不带泥。在摘去茎叶时，动作要仔细，保护好根茎，防止损伤姜块。贮藏用的生姜要认真挑选，剔除瘟姜、次姜及受损伤的姜。在运输过程中，要防止生姜受冷风袭击或被日晒雨淋，以免影响耐藏性。

民间常见的贮藏法

生姜生长期较长，每年只能栽培 1 季，要实现周年均衡供应，必须搞好贮藏保鲜工作。因各生姜产区气候条件不同及加工要求不同，生姜贮藏的方法也各异。生姜贮藏方法较多，不同的方法有各自的优点和缺点。无论采用哪种贮藏方法，其目的都是根据生姜的生物学特性要求，创造适宜的环境条件，以维持生姜缓慢而正常的呼吸代谢和自然的耐藏性、抗病性，从而减少生姜的变质和腐烂，保持生姜本身的营养价值及风味，延长生姜食用和加工期限。生姜贮藏保鲜，主要采用常温贮藏和低温贮藏两种方式。我国普遍采用的是常温贮藏，国外如日本则普遍采用低温贮藏。

（一）常温贮藏

在常温常压条件下贮藏生姜，要根据外界温度的变化来调节或维持一定的贮藏温度。生姜常温贮藏主要有泥沙埋藏、窖藏、堆藏、水藏及抑芽贮藏等方法。

1. 泥沙埋藏

这是将生姜堆放在沟内或坑内，放一层或多层，根据气温的变化分次进行覆土，用适当的覆土厚度进行贮藏的一种方法。生姜是植物的地下茎，对埋藏的环境比较适应，采用泥沙埋藏方法可以取得一定的效果。具体做法有以下几点。

（1）垒坑

用砖、石等在仓库或地下室内垒砌成埋藏坑。埋藏坑高约 0.8 米，宽约 1 米，长度可根据贮藏室大小而定，以便于操作为原则。

（2）堆放

先在坑底铺 1 层厚约 5 厘米的泥（沙），其含水分 10% 左右，再放入几只通风筒，然后将挑选好的生姜放在坑内泥（沙）上，一层生姜（可掌握在四五块生姜的厚度）一层泥（沙），堆至离坑口约 5 厘米处，最后用泥（沙）覆盖，不使生姜暴露在空气中。

（3）检查

主要是检查贮藏室和埋藏堆内温度、湿度的变化，并采用加厚或揭去覆盖物的办法加以调节，使贮藏环境保持相对稳定的温度和湿度。不要过多地倒动，应根据抽样检查的情况决定是否倒动。

用板条箱、箩筐等容器埋藏生姜的方法，与垒坑埋藏一样，但应事先用消毒过的纸垫在箱筐四周和底部，以免泥沙漏失。然后一层生姜一层泥（沙），堆至箱或筐的八九成高，加泥（沙）覆盖即可。板条箱、箩筐可按照一定的形式堆桩。

用缸埋藏生姜的办法很简便，可在缸底放一层泥土（细沙），将生姜放入，然后用泥封口；也可一层土（沙）一层姜放好，上面再用土（沙）封口。

2. 窖藏

窖藏是在埋藏的基础上发展起来的一种贮藏方法。其优点是可以自由进出窖，便于生姜的运进与运出，便于通风调节温度和湿度，也便于对生姜进行检查，贮藏效果好。这种贮藏方法在我国北方姜区被广泛采用。在贮藏期间，可根据市场需要，随时取出销售，也适合远销外地或出口。

窖藏法是生姜贮藏中最常见的一种方法，具体方法为在田间空地或者丘陵挖一个适合大小的地窖进行贮藏。密封性较好的地窖不但可以保证合适的温度，还能够控制贮藏期间的气体条件，适当增加 CO_2 含量，抑制生姜的呼吸作用。这种方法简便易行，储姜量大，但是其储存期短，且在贮藏过程中容易产生腐烂变质、异味及病虫害等问题。窖藏法可以分为堆藏法、沙藏法、设置姜床三种方式。生姜窖藏具体又可分为井窖、坑

窖藏

用砖、石等在仓库或地下室内垒砌成埋藏坑

道窖、长方形卧窖、大型窖藏四种类型。

（1）井窖

选背风向阳的坡地或较干燥的竹林地，先向下挖一个坛式井窖，口径60厘米，深2米，下部直径加大1.2米左右，然后向井壁的2～3个方向挖短坑道，其长、宽、高各1米。坑道顶部呈拱形，底部外低内高，两边挖沟以利于排水。每立方米短坑道可贮姜250～300千克，2～3个坑道共贮姜500～900千克。贮姜时，竖立密排在短坑道地面，每排一层姜，盖5～6厘米湿沙，一直堆排到坑道顶，最后用河泥或塘泥封坑道口，中间嵌入两块砖，以便于检查。井窖口要高出地面，四周有排水沟。生姜入窖后，要在霜冻前用干草堵严井口。

（2）坑道窖

选背风向阳的山坡或台地，从侧向挖2.2～3米的进口坑道，高1.8～2米，里面加大1.2米左右，然后向前及两侧挖短坑道。生姜坑道窖的贮藏方法与井窖一样，霜冻期间要关闭坑道门，并加草堵严。

（3）长方形卧窖

选背风向阳的高地或竹林地，向下挖1.2米宽、2米深、长依贮量确定的长方形卧窖。一端底部较另一端底部高，两侧挖排水沟。贮姜时，先在窖中间每隔0.5～0.6米竖一多孔竹筒（只中节打通，顶节不打通，但在顶节侧打孔，既利于通气，又能防止雨水流入），然后从高底部处竖排姜块，每排一层盖湿沙或细土5～6厘米，直堆至距窖地面0.5米处，最上一层盖润沙或细土6～8厘米。窖上架木条和竹竿，压竹笆后放玉米秆或稻麦秸秆，最后用细土封顶，封顶要高出地面。窖底低的一端留 0.6 ～ 0.8 米宽不贮姜，用砖挡好，以便入窖检查。严冬时，用稻草堵严窖顶的通气口。

（4）大型窖藏

北方生姜集中产区可采用大型窖贮藏，贮藏量一般以 5 ～ 10 吨较为适宜。如数量过少，窖内生姜呼吸所产生的热量少，不能保持一定的温度，生姜易受冷害；贮藏量大一点，窖温虽较高，但可以通过通风调节温度。地窖以圆筒形为好。一个贮藏量为 10 吨左右的窖，上面的直径约为 4 米，底面直径约为 3 米，从地面到窖底的深度为 1.5 米左右。在地下水位较高的地区，深度可适当减少，地面可适当加高堆土。挖窖起出的泥土，最好堆在窖的西北面。每个窖底都要挖一条截面为 20 厘米见方的排水沟，以利于排水。

家庭或分散农户常采用井窖、坑道窖、长方形卧窖等，而大批量生姜鲜藏则可采用大窖贮藏。窖藏一般应掌握掘窖、入窖、覆窖和查窖四个阶段的操作技术。

第一阶段：掘窖。掘窖应选向阳避风、地势高燥、排水方便的地方。窖的大小可视贮藏数量确定。

第二阶段：入窖。生姜入窖前，窖底沟内先垫一层高粱秆，再在窖内竖起几把芦柴或小把玉米秆，或以竹片制成的圆形筒，以便通风换气；然后将姜徐徐倒入窖内，直至高于窖面 1 米左右，将生姜整理成馒头形。

第三阶段：覆窖。窖顶的覆盖工作，一般应分步进行。第一步是铺姜秆。使扎成小把的姜秆茎部向上，先铺在窖的四周，再逐步向窖顶铺上去，不宜过厚。第二步是压泥土。一般分 3 次进行，第一次自窖口四周以馒头形斜向压细泥，弧长 1 米，厚约20厘米，每隔10～15天检查1次。如果窖中温度正常，再向上压土，弧长0.5米左右，厚度同之前一样。半个月后，再检查一次，如果窖温正常，继续向上覆土。如此依次覆土，最后顶口留出0.5～0.7米作为通风口用（在窖温过低时可完全封口）。分3次压土的主要目的是使窖内温度正常。因刚入窖的生姜呼吸作用很旺盛，所产生的热量较大，但之后呼吸作用渐渐减弱，窖温也渐渐降低，所以覆土不能一次完成，以防窖温太高，使生姜腐烂。第三步是盖草。当压好泥土后，在泥土上覆盖稻草，一直盖到顶为止，最后用稻草扎把封顶，防止雨水淋入和冷风吹入。第四步是搭草帘挡冷风。在姜窖的东、西、北三面撑起竹架，在竹架上捆紧编好的草帘防风，防风设备只要高出窖顶即可。

第四阶段：查窖。生姜入窖以后，每次压泥前要进行一次全面的检查，主要检查紧贴在生姜面上的姜秆。如果温度过高，则姜秆容易发芽；如果叶子已烂掉，而茎上不发芽，则说明温度较正常。窖温过高时，可撤掉部分覆盖物；窖温过低或高低不匀，可在低温处加压泥土和稻草。在后期，主要是在降霜的天气，仔细观察窖上各处融霜的时间，如发现某处融霜很快，说明这个地方温度高，应采取降温措施。

3. 堆藏

堆藏是将生姜直接堆放在田间、空地或浅沟（坑）中，根据气温的变化，用适当的隔热材料，如苇麻、草帘、作物秸秆和泥土等分层加盖，以维持适当的温度，达到防冻、防热和防晒目的的一种贮藏方法。该贮藏法受地温影响较小，主要受气温影响。因此，贮藏效果好坏主要取决于覆盖的方法、时间及隔热材料堆积厚度等因素。该贮藏法不适用于气温较高的地区，在寒冷的北方比较适用。堆藏有封闭堆藏、包装堆藏等方式。

（1）封闭堆藏

此法的原理同窖藏法，一般在11月上旬（立冬前）进行。堆藏前，首先要对生姜进行严格挑选，剔除病变、受伤、雨淋及受风寒的姜块，留下质量好的姜块散堆在仓库内，用草包或草帘遮盖好，以防止被冻坏。然后，在朝南方向垒砌起砖墙，涂上泥，严防冷风吹入，并立即用泥或草包封闭。堆藏仓间不宜过大，一般每仓以散装堆放10吨左右为宜，这样有利于通气。堆藏时，墙四角不要留空隙，中间要略松些。温度一般控制在18℃～20℃。每桩可放几只计温表，便于观察记录温度变化。气温下降时，可增加覆盖物保暖；气温过高时，可减少覆盖物散热降温。

（2）包装堆藏

一般以山东莱芜、枣庄等地区调入的窖姜为货源。经过严格挑选，剔除受冻、受风伤、小块、干瘪和有病的姜块后，将生姜装入竹篓筐，然后采用骑马形等方式分桩堆放。堆桩高度以3个竹篓高为宜。在贮藏过程中，经过高温季节，姜块容易出芽（芽可供食用），可分批剥芽陆续供应市场。此外，还有着地散放堆藏、着地围姜堆藏等方法，操作方法与上述相仿。

4. 水藏

此法一般适用于高温季节（6～9月）。操作方法：将从产地调入的生姜经过一般堆藏后，再经严格挑选，装入竹篓筐内，采用骑马形等方式分层堆桩，高度以3个竹篓高为宜；也可在泥地或水泥平地上用砖砌成长5米、宽2米、高0.5米的长方形堆仓。堆仓四周要有排水道。堆仓底铺一层 3 ～ 4 厘米厚的黄沙，然后将姜块散开放在仓内，直堆至仓口，上面盖上湿草包或蒲包。这两种方法都是采用洒水保养法。一般每天或隔天洒 1 次水，遇气温特别高时，可一天洒 2 次水，最好用水温较低的地下水，水量一般以遮盖物湿透为宜。水藏法虽然能保持姜块丰满，损耗少，但往往由于温度高、湿度大，姜块容易出芽，姜的内部养分减少较多，辛辣味较差，一般只能当作加工调味品用，不能当作药物原料。

5. 抑芽贮藏

应用钴 60 和 γ 射线辐射能抑制生姜发芽，贮藏效果也很好。经 2000 ～ 10000 伦琴辐照处理的姜块都不长芽，外观也较好。辐照处理后的生姜，在贮藏中也要求保持一定的温度和湿度，办法可按沙土堆藏和低温冷藏的方法进行。

（二）低温贮藏（冷藏）

在温暖的季节和地区，缺乏自然降温条件时，就必须采取人工降温的方法以获得蔬菜安全贮藏所需要的低温，这便是人工冷藏。如前所述，生姜贮藏通常采用常温贮藏，利用自然通风换气来调节库温。这种方法受天气温度的影响较大，不能使库温满足不同生姜品种的贮藏要求，因而冷藏效果往往不稳定。在日本，由于原子能发电成本较低，冷藏生姜普遍采用机械冷藏方法。这些年，我国各地也陆续建立了规格不同的冷藏库，为生姜的冷藏打下了一定的基础。

冷藏库有两种类型：一种是用冰块降温，通常称为冷库或冰窖；另一种是采用机械制冷，称为机械冷库。

1. 低温对生姜贮藏保鲜的作用

如前文所述，生姜在贮藏过程中发生质量变化与湿度及抗病性有关，更与温度有直接的关系。在较高的温度范围内，温度升高会加速鲜姜品质的变化过程。而低温则具有如下积极的作用：一是能抑制生姜中酶的活性，减弱生姜呼吸作用，较好地保护生姜的营养成分与功能成分；二是可降低水分子蒸发速度，减少生姜贮藏过程中的失水和失重；三是能有效地抑制生物的活动，减少由于微生物侵染造成的腐烂；四是能抑制生姜发芽，防止发芽导致生姜品质降低。

总之，低温贮藏能够保持生姜品质优良、质鲜味美及卫生安全。由于低温贮藏可以大规模地贮藏生姜，在国外如日本普遍采用，已作为贮藏生姜的一种基本方法。

2. 机械制冷的原理

低温贮藏要求贮藏必须保持一定的低温。机械冷藏是在一个适当设计的绝缘建筑中，借机械冷凝系统的作用，将库内的热传送到库外，使库内的温度降低并保持在有利于延长生姜贮存寿命的水平上。

机械制冷的工作原理是借助冷媒（亦称制冷剂或制冷工质）在不断循环的气态—液态互变过程中，把贮藏室内的热传递到室外，以创造低温贮藏环境。

制冷系统由压缩机、冷凝器、蒸发器（管）和调节阀（调节活门）等组成，当压缩机开始工作时，向一侧加压形成高压区，对另一侧的蒸发器（管）则产生抽吸降压作用，这时液态的制冷剂便进入蒸发器（管），并在其中吸热汽化，使库内温度降低，汽化了的制冷剂再经过压缩机的压缩作用，使之变为高温高压的气体，然后经过冷凝器的冷凝作用而液化。随后，液态制冷剂通过调节阀（调节活门）并受到压缩机的抽吸作用，压力下降，重新进入蒸发器（管）中吸热汽化，重复以前的过程，达到循环降温的目的。常见的制冷剂有氨、氟利昂和二氧化碳等。其中，氨的应用最为广泛。

3. 机械冷藏库的冷却系统

机械冷藏库的冷却系统有三个部分：一是直接蒸发系统。蒸发器（管）安装在冷库内的四周或顶部。此系统冷却迅速，降温快，但蒸发器（管）不断结霜，化霜也使库内温度降低，影响降温效果。二是盐水冷却系统。蒸发器（管）安装在库外盐水池内，将盐水冷却后再转入安装在库内的冷却管组，不断循环而降温。其优点是可避免有毒的制冷剂进入库内，缺点是加重了机电的负荷。三是鼓风冷却系统。库内设蒸发柜，蒸发器（管）位于其中，先将柜内的空气冷却，再用鼓风机将空气鼓入安装在天花板的风道中进行循环降温。此系统冷却迅速，库内温度、湿度较为均匀。

4. 机械冷藏库的设计

机械冷藏库是永久性建筑，建设前应科学规划设计，注意库址的选择、冷库的容量和形式、隔热材料的性质及选择、堆物库房及附属建筑的布局等问题。

冷藏库的容量一般比较大，生姜运进或运出的量也比较大，因此，要选择交通比较方便的地方建库房。库房多建在没有阳光照射和无频繁热风的阴凉之地，且周围有良好的排水条件。地下水位高，土壤较湿，对冷藏库都是不利的。冷藏库的大小设计，主要根据生姜的贮藏量确定，同时贮藏方式方法也会对贮藏量产生影响。设计时，首先要确定需要贮藏的容量。这个容量是根据需要贮藏的生姜在库内堆码所占的体积，加上行间过道、物堆与墙壁之间的空隙、物堆与天花板之间的空间及包装之间的空隙来确定的。确定了冷藏库所需的体积之后，再考虑冷藏库库形的长度、宽度及高度。设计冷藏库时，还要考虑到其他必要的附属设施，如工作间、包装整理间、工具存放间及地下库的生姜起升机等。

冷藏库建筑的一个重要问题是设法减少热源流向库外，这就需要安装适当的隔热材料来解决。冷藏库一般采用软木板一类的定型隔热材料。绝热板的敷设要分层进行，应使绝热层成为一个完全连续的整体，决不能让格栅、屋梁和支柱等建筑物参与到绝热层中，破坏隔热层的完整性。

5. 冷藏库技术管理

（1）采收要求及包装堆码

第一，生姜采收及管理要求。生姜从清明至立夏期间下种后，夏至时便可陆续收姜，如嫩姜，但这一般是供鲜食，不耐贮藏。贮藏用的生姜应是在霜降至立冬期间收获的充分成熟的根茎，此时采收生姜要注意不能让它受冻，同时要防止日晒过度。当然，雨天和雨后收获的生姜也不耐贮藏。一般要求姜块不带泥，带泥又太湿的可稍加晾晒，但不宜在田间过夜，收获以后及时贮藏。由于霜降至立冬时节气温较低，而生姜贮藏的温度较高（15℃左右），可不进行预冷处理即放入冷藏库贮藏。

第二，包装堆码。进入冷藏库的生姜应进行适当的包装，在库房内按一定方式堆放，尽量避免采取散贮方式。可用聚乙烯塑料袋包装后扎袋封口，再装入纸箱，用封口带封口。规格一般为 20 千克 / 箱，以利于规范堆码。为使库内空气流通，以利于降温和保持库内温度分布均匀，货箱应距离墙壁 30 厘米以上。堆码方式：库底先铺一层木板，然后再放一层纸板，每箱按顺着冷库长度方向呈直线排列，行间距约一个箱子宽度，每行堆码高度为 4 ～ 6 层，每层箱子要交叉排列，即上一层与下一层的箱子交接处不能出现箱子边缘重叠，即呈砌砖墙排列。排好一层后，在上面铺放木板（架），再放一层纸板（纸箱板），进行第二层堆码。第二层与第一层相互交接，留有一定空隙。按此方法依次堆码直至最后一层。为了避免塌垛，不可堆得过高。同时，要注意垛顶与天棚或吊顶风筒间应保留约 80 厘米的空间层。若离冷风筒太近，生姜易受冻或冷害。

（2）生姜最佳贮藏保鲜指标

温度：13℃～ 14℃。

湿度：90% ～ 95%。

冷害：<10℃。

愈伤：温度 25℃～ 30℃，湿度 90% ～ 95%，时间 30 ～ 40 天。

（3）贮藏技术工艺流程

适时晚采收→尽量减少机械伤→剔除病、伤、残根茎→适当晾晒入库（窖）愈伤→堆放或包装在 13℃～ 14℃下贮藏→定期检查温度、湿度及生姜质量等。

（4）贮藏技术操作要点

一是选好品种。生姜品种很多，按形态类型可分为竹节姜和肉姜两大类。竹节姜辣味强，含水量少，适于贮藏。肉姜产量高，辣味淡，含水量多，适于销售及加工用。按品种分，有片姜和黄爪姜，耐藏性较强。二是适时晚采收。在不受冻（冷）害的情况下，贮藏用生姜应适时晚采收，一般在生姜地上部分开始枯萎，根茎充分膨大时采收最佳。三是注意防止不必要的机械伤。摘去茎叶时，动作要仔细，保护好根茎。四是防止日晒、雨淋。雨后采收耐藏性降低。五是由于生姜没有生理休眠期，采后条件适宜即可发芽生长，所以要严格控制贮藏条件，温度、湿度不能波动过大。六是控制好湿度。一般生姜保鲜适宜湿度为 90% ～ 95%。七是注意观察生姜的不良变化。生姜脱皮、皱缩、表皮发紫等均为不良变化，发现不良变化要及时处理。八是掌握愈伤情况。收获初期的姜脆嫩，易脱皮；入库后约 1 个月，根茎逐渐老化，不再脱皮，同时剥除的茎叶疤痕长平、顶芽长圆后，其耐藏性提高。九是注意防治姜瘟病（姜瘟）、霉菌病和冷（冻）害。十是掌握生姜后熟完成的征象。愈伤期间，姜肉变黄（称“姜黄”），出现香气和辛辣味，表明后熟完成。

（三）生姜贮藏的基本要求

1. 对生姜的要求

需贮藏的生姜应在叶片开始枯萎（霜降）之前收获，要求根茎充分成熟、饱满、坚挺，且表面呈浅黄色至黄褐色。贮藏用生姜如果收获太早，姜太嫩，不仅影响产量，而且由于含水量较高，耐藏性降低，贮藏品质变差。贮藏用生姜也不宜过迟采收，过迟采收易在田间遭受冻害，影响安全贮藏。同时，贮藏用生姜不要在雨天和雨后采收。姜采收时，要尽量减少机械损伤，防止表皮剥落，发芽、皱缩、软化的姜块不适于贮藏。用于贮藏的姜块不宜在田间过夜，以免遭受霜冻、雨淋等意外情况，降低耐藏性。最好是在天气晴朗、土壤干燥时采收，此时泥土易脱落，便于识别生姜是否有病变或损伤。贮藏前，选姜是保证安全贮藏的重要环节。要将病变姜、机械破损姜全部剔除，防止病伤姜在贮藏期间成为传染的病源。

2. 对温度、湿度的要求

生姜贮藏对温度的要求较为严格，最适宜温度为13℃～14℃。贮藏温度在10℃以下，生姜会受冷害，特别是种姜，如果受冻，将对发芽率产生很大的影响；贮藏温度超过15℃，则生姜易发芽，并引发病害。生姜贮藏的相对湿度在90%以上。若相对湿度低于90%，生姜易失水干缩，特别是食用鲜姜、加工姜等，失水干缩会直接影响其商品价值。

3. 对填充料的要求

贮藏生姜的填充料主要有河沙、风化细沙和细泥土。这三种填充料各有其特点，河沙的比重大，热容量大，空气通透性好，经济实惠，无病无虫；风化细沙来源广泛，经济实惠，通透性好，吸湿保湿性能优于河沙；细泥土取材方便，吸湿保湿性能强，来源广泛，但不可采用姜田的泥土，以防止土传病害侵染。曾经做过生姜填充料的河沙、风化细沙和细泥土不可再做填充料。填充料的水分要求为5%左右。干燥的填充料，每1000千克添加50千克清水，为了防止填充料带病菌，可同时对填充料进行消毒处理。每1000千克的填充料加100倍的高锰酸钾溶液50千克，调拌均匀后堆闷72小时，可以起到补水和消毒的双重作用。

（四）贮藏前消毒灭虫

新挖掘或新设立的生姜贮藏场地不需要进行消毒灭虫处理，

但以前贮藏过生姜、红薯或土豆的地窖等贮藏场地，在生姜贮藏前，应对贮藏场所进行消毒灭虫处理。

一方面，在窖内堆积干燥的枯枝树叶进行火烧烟熏以杀虫灭菌，然后将余烬铺在窖底，起到隔离病虫的作用。

另一方面，贮藏过生姜或其他农产品的地窖，其窖壁、窖底可能隐藏了有害病虫，在生姜贮藏前，可铲除一层窖壁和窖底的泥土，再撒上生石灰或草木灰，有效防除窖壁泥土里的病虫危害生姜。

此外，还可在生姜贮藏前 1 周，用 50% 的多菌灵可湿性粉剂 500 ～ 600 倍液，或 70% 的甲基硫菌灵可湿性粉剂 600 ～ 800 倍液喷雾对贮藏场地进行消毒，要求喷得周到、均匀。也可用 50% 的辛硫磷乳油 2000 倍液，或 2.5% 溴氰菊酯乳油 1200 倍液，或 20% 氰戊菊酯 1000 倍液喷雾，喷施于窖壁和窖底，再密闭 3 ～ 5 天，化学防病和防虫同时进行。

种姜的贮藏

种姜就是留种用的生姜，种姜必须严格管理，既要保证姜质充分成熟，又要防止采收不适时出现霜冻或冷害。一般种姜需略微提前采收，即在初霜出现之前采收。生姜采种贮藏是一项极为细致的工作，稍有疏忽，将导致烂种烧姜，不但当年收成受到影响，而且影响下一茬的质量。因此，生姜采收留种工作是生姜栽培的最后一关，能否把好这一关，是下一茬生姜生产成败的关键。

（一）种姜的选择

有了优良品种，在不增加劳力和肥料投入的情况下也可以获得较好的收成，这充分说明选用良种的重要性。同时，优良品种如果不注意培育，不加强栽培管理，就会很快退化，失去良种的优良特性。生姜的选种留种工作在收获后进行，即对采收的生姜，按色泽、大小、发姜能力等不同分别存放。剔除有病斑的姜块和机械损伤的姜块，选择整齐健壮的姜块做种。如果在一块姜田中，品种混杂严重，种间颜色难辨，发姜能力基本相似，唯地上茎粗细悬殊，须在采收前去劣去杂，把苗架高矮、颜色浓淡和长势长相优劣区别开来，以利于品种保纯。

（二）窖床位置的设计

生姜留种，必须预先设计窖床。窖床的好坏是种姜贮存好坏的关键。生姜窖床的要求是密闭，适温，不漏气，干湿适度，无病菌滋生。具体应选择四周空旷、地势高、排水良好的地段设置窖床。窖床分为山区丘陵地坑型和平原湖区土窖型两种。

1. 山区丘陵地坑型

选择背风向阳的南山坡，在坡顶高的地段掘隧道，伸入山腰 5 ～ 10 米。容积的大小，视种姜的多少而定。隧道顶部土层厚度应有 1 米以上，才可防止雨雪渗透而坍塌。隧道底部，视泥土干湿程度确定是否需要垫底物。如果是黄黏板土，潮气不重，不需要垫底物；如果土壤潮湿泥泞，上置木板隔潮，坑底四周挖小沟沥潮。

2. 平原湖区土窖型

在滨湖平原地带，利用废窑洞，四周培厚土层，于背风向阳处开一洞口，贮藏种姜，可终年不烂。如无土窑，选择地势稍高的地段，四周堆土 2 ～ 3 米，中间架设木柱支撑，洞口设在背风朝南处，洞口旁留一小孔出气，也有不留的。这种姜窖

用途广，适应性强，也可用于贮藏红薯种等。

（三）清理姜窖

入窖前，选定种姜后，除去泥杂，置阳光下暴晒 1 ～ 2 天，以灭菌和晒干其表皮水分。同时对地窖进行清理，严格消毒。姜窖内相对湿度过高时，生姜容易发霉，必须设法排除湿气。目前，采用较多的排湿方法有烟熏法和投撒生石灰法两种。

1. 烟熏法

烟熏法是指在种姜入窖之前，收集农田草根杂屑和枯枝落叶 3 ～ 5 担，放入窖内燃烧，然后将窖内表土削挖一层，覆盖在火堆上，任其缓慢自燃。这种烟熏法有两大优点：一是能降低窖内湿度，减少生姜霉变；二是可灭杀病菌。燃烧余烬，不必外运，可撒在窖的四周。

2. 投撒生石灰法

此方法是指在窖内投撒一定量的生石灰。这种方法简便，效果良好。姜窖清理后，架设姜床，姜床架子要牢。一般姜床离地面 0.3 ～ 0.4 米，以防止潮湿。姜床上放稻草或芦苇。有的地方不设床架，直接摆放于窖内，四周开沟沥潮，效果也不错。

种姜入窖堆放要轻，分层放置，上盖潮土 0.3 ～ 0.4 米深，潮土以河沙或沙质壤土为宜。盖土有两个好处：一是使窖内水汽不直接滴在姜上；二是使窖内空气干燥时有土覆盖，生姜不会失水变干。

种姜放置妥当后，如果气温在 15℃以上时，不必急于封窖，让空气流通；如果当日平均气温降到 5℃以下，必须立即密封洞口，防止冷空气入侵。在洞口设置测温仪，定期检查窖内温度变化。

（四）种姜入窖后的管理工作

1. 防止雨水浸渗窖内

南方每当大雨之后，必须检查姜窖表土是否被老鼠打洞或被虫蛀孔，地表径流是否杜绝，窖内有无积水，相对湿度如何。检查窖内情况，必须在晴朗无风的天气进行。气温低于 10℃时，不要开窖检查，防止冷空气进入伤害种姜。

2. 种姜烂种及其处置

种姜烂种，主要有以下几个原因：一是入窖前选种处理不严，姜块表皮含水过多，一经挤压，水分溢出，回流窖内，致使窖内湿度大增，各种病菌蔓延。因此，种姜入窖之前，必须充分暴晒。二是姜窖表土穿孔漏气，寒潮侵袭，如果温度降到 5℃以下，姜芽容易冻坏。因为姜油酮在 5℃以下的低温时由酮转醛，产生毒害，使姜质变劣。因此，姜窖内的安全温度为 15℃～ 20℃，同时相对湿度要适宜。

种姜在窖内最容易腐烂的时间是隆冬到初春之间。此期雨水渐多，土层容易漏水漏气，必须仔细检查种姜有无变化。如果发现有烂种现象，必须翻窖。选择晴天的中午，气温高于15℃时，迅速将窖内的种姜搬出，剔除烂姜，窖内投撒生石灰。然后将种姜放入，覆土盖草，有条件的用塑料密盖，经过认真细致处理后迅速密封，以减轻烂种损失。

生姜贮藏的细节

1. 沙埋法

①选用没被污染的干净的沙，经太阳暴晒，再用当地没被污染的泉水喷湿，备用。

②在房子里，铺一层3～7厘米厚的湿沙（湿度以不滴水为宜）。

③平铺一层姜，撒一层沙，如此反复，堆成齐腰高，最后一层沙子要铺得稍厚些，约12～15厘米。

④外面覆盖干净的、均匀的、薄薄的草或禾秆。

⑤周围围蔽好，防止动物及昆虫损坏。

⑥发现姜长出嫩芽及时去除。

2. 水藏法

①在冬天，把选好的生姜放在筐内，置于室内通风凉爽的地方。

②每日用当地没受污染的山泉水浇两次（上午12点前、下午4点前）。

③确保筐内的姜都保持湿润但没有积水，能凉透。生姜吸到水分就不再变干。

④只要不受冻，可保存到来年春季。

⑤发现姜长出嫩芽及时去除。

3. 袋贮法

①把挑选好的生姜按每 5 千克一袋，装进不透气的塑料袋里。

②扎紧袋口，置于室内阴凉处。

③每间隔 15 天松一次袋口，约 10 分钟，透透气。

④只要不受冻，就不会失水和干秕，也不会发热和霉烂。

4. 食盐保存法

①在一个干净的容器中，加入适量食盐，再加入温开水搅拌均匀。

②将洗净的生姜放入摊凉后的盐水中，浸泡 30 分钟左右，然后取出阴凉晾干。

③将晾干的生姜放入一个密封的容器中，密封之前尽量排出空气。这种方法可以有效地抑制生姜发芽，延长保质期。

④取干净有黏性的黄土，将禾秆切成小段，加谷壳、草木

炭，充分搅拌均匀成泥浆，再将泥浆厚薄均匀地涂抹在缸盖口周围。这样既能密封，又能保温，还能防虫。

5. 白酒保存法

①准备高度白酒和一条干净的毛巾。

②将毛巾在白酒中充分浸泡后，稍微拧干包裹生姜。

③将包裹好的生姜放在一个密封的容器中。

④这样可以有效地防止生姜腐烂，而且白酒的酒精成分可以抑制细菌生长。

6. 水果保存法

①准备一个水果篮或类似大小的容器，将洗净的生姜放入篮中。

②加入未经化学处理的有机种植的苹果、梨或者葡萄等水果。这些水果既可以释放出天然的乙烯气体，帮助生姜保持新鲜，延长生姜的保质期，又可以让生姜保持原有的营养和口感。

③根据所放水果的种类，经常观察水果情况并及时更换。

7. 茶叶保存法

①在一个容器中加入适量的有机绿茶和温开水，搅拌均匀后放入洗净的生姜，浸泡 30 分钟。

②将生姜取出晾干，放入密封容器中。

③茶叶中的茶多酚可以抑制细菌生长，同时茶叶中的水分能保持生姜的新鲜度，茶叶的香味也会让生姜的味道更加独特。

8. 蔬菜保存法

①准备一个干净的容器，将洗净的生姜放入容器中。

②加入适量没有受任何污染、使用有机肥料种植的蔬菜，如洋葱、大蒜、辣椒。这些蔬菜不仅可以释放出天然的防腐剂，

延长生姜的保质期，还能为生姜提供适当的水分和养分，使生姜保持新鲜和营养。

③根据所放蔬菜的品种，经常观察蔬菜情况并及时更换。

9. 窖藏法

①选地势高，地下水位低，坚实的、纯度高、黏性强的黄土地挖窖，窖由井筒和贮姜洞两部分组成。

②井筒直径以人员及物资进出合适为宜，深度要与浮土或植土相距 6 米以上。

③井窖越深，窖内温度、湿度越稳定，姜的保存时间越长。

④在井筒底部四面，再扩宽挖掘姜洞。一般高 2 米、深 5 米的姜洞可存储 1.5 吨生姜。

⑤井窖挖好后，用砖石砌建井口，让井口高出地面，以防雨雪进入。

⑥生姜分批次下窖进行贮藏。

⑦参考沙埋法的步骤。

⑧用土坯或砖石封好洞口，洞口要留一个直径 30 厘米、高度 2 米的透气且带盖帽的小窗口，盖帽要用栏网围护好，以防老鼠、鸟类、昆虫等进入。

⑨窖内温度保持在 13℃为宜。在洞口处安置好测温仪，用换气方式控温。

第二节　生姜的加工方式

生姜作为一般加工品种，要求根茎纤维较少，含水量较高，质脆而肉质细嫩，颜色较淡，辛香味浓，辣味淡而不烈。但作为精深加工品种，如用于精制生姜油、保健食品的生姜等，则应重点根据产品功能成分而确定其生姜品种。

适合一般加工用的品种有广东肉姜、山东莱芜大姜、浙江红爪姜、安徽铜陵白姜、江西兴国生姜、四川竹根姜、贵州遵义大白姜等，若用其嫩姜做原料加工，产品的色香味俱佳，产品品质较好。适合精深加工的品种主要是以药用为主，兼具食用，如湖南黄心姜、鸡爪姜等。

生姜的加工方式比较多，如盐渍、酱渍、糖渍、干制等。我国传统的生姜加工制品包括糖姜片、咸姜片、脱水姜片、姜粉、姜汁、糖渍姜脯等，目前也开发出了姜茶、生姜果糖、生姜糕点、姜醋饮料、姜汁奶制品等风味食品。

盐渍：高浓度食盐腌制

生姜盐渍加工的原理是生姜细胞里的水分和可溶性物质在食盐的高渗透下析出体外，而盐渗入生姜细胞体内，使其腌制变咸。通过高浓度食盐腌制生姜，使腐败微生物在高渗透压条件下形成生理失水，并受到抑制或死亡，从而达到防腐保质的目的，并能改善生姜制品的风味。传统的生姜腌渍品有盐

渍生姜、咸酸生姜和腌姜芽等。

（一）盐渍生姜

每 100 千克鲜姜加盐 16 ～ 18 千克，若需贮存 1 年以上，每 100 千克鲜姜加盐 20 ～ 22 千克。腌制生姜的容器最好用大缸或盐渍池。

1. 工艺流程

鲜姜→选拣→清洗→晾干→腌制→包装→成品。

2. 操作方法

（1）原料预处理

新鲜生姜剪去根茎，掰成数块，洗去泥沙，晾干姜块表面水分。

（2）腌制

先在缸（池）底撒上一层食盐（约 0.5 千克），以免姜块直接接触缸（池）底。然后放一层生姜撒一层食盐，下层撒盐量可稍少，逐层增加撒盐量，最上层的盖面盐要多撒。撒盐须均匀，尽量使每块生姜都沾上食盐。同时，要适当地洒些 15% ～ 18% 的浓盐水，促使盐迅速而均匀地渗入姜内。腌制 1 ～ 2 天后，由于食盐被溶解，盐分渗入姜内，同时姜内的水分也被食盐析出，姜块的表面变得皱软，体积缩小，缸（池）内出现卤汁。这时应倒缸（池），将缸（池）中下层的姜块翻到上面，上层的姜块翻到下面，再次加入 15% ～ 18% 的浓盐水，使盐水液面没过姜面 30 ～ 70 毫米，让姜块与空气隔绝，有效避免游离微生物的侵害，以便长期贮存。

生姜初腌下缸（池）后，应在露天的晒场上暴晒，吸收热量，促使发酵成熟期缩短。待姜块腌熟后，缸（池）中卤水变成淡黄色，可将缸移入室内贮存或将盐渍池遮盖贮存。

（二）咸酸生姜

采用食盐与香醋同时腌渍，利用食盐的高渗透压抑菌防腐及醋酸的抑菌调味作用，提高生姜制品的风味，延长保质期。

1. 加工配方

姜块 100 千克，香醋 3.5 千克，食盐 10 千克，花椒 1 千克，水适量。

2. 操作方法

选择幼嫩、新鲜的姜块，洗净晾干，切成大小适中的块状，按以上加工配方比例制成咸酸腌制液，将姜块倒入缸中，浸没腌制，并将缸置于阴凉的室内，适当翻动，腌制 20 天左右即成熟。

（三）腌姜芽

1. 原料要求

选择肥壮、白嫩、不带姜疙瘩的提早收获的优质姜芽，清洗干净，晾干姜芽表面水分，以备下缸。

2. 加工配方

生姜芽 100 千克，食盐 25 千克。

3. 操作方法

将预处理的姜芽于 36 千克 20 波美度的盐水中腌渍 4 ～ 5 天后取出，再在 20 ～ 21 波美度的盐水中浸泡 5 ～ 6 天，取出后放于缸内压紧，倒入 21 ～ 22 波美度的盐水，以浸没姜芽为宜。其上面加盐封缸腌制，面盐加量为 2%（即每 100 千克姜芽加面盐 2 千克）。15 天以后，姜芽腌制即可成熟。如要长期保存，可取出姜芽于 22 波美度的澄清盐卤水中淹没封存。

4. 质量要求

组织嫩脆，纤维较少，咸淡适宜，姜味足但不辣，具有生姜的清香，无异味。

酱渍：吸收酱品风味

将经过盐渍处理的生姜半成品或鲜姜块（片）浸渍在酱品中，吸收酱中的营养及风味物质，使产品具有特殊的色泽和鲜美的风味。同时，酱品中的食盐也有一定的防腐作用。酱渍产品用途广泛，加工方法简单，操作容易，产品独具特色。

（一）酱渍生姜

1. 酱渍方法

一种是以鲜生姜为原料，将鲜姜洗净脱皮后，在阳光下晒至七八成干，然后放进味鲜色浓的酱油中浸渍 10 天左右，生姜块由原来的淡黄色变成酱色，即成为酱制姜块，最后密封包装。

还有一种是以咸生姜为原料，将咸生姜块放入清水中漂洗1～2小时，使姜块内食盐适当脱去，再用酱油做套卤套去水分，放入酱内浸渍8～10天即可成熟，然后密封包装。姜块呈酱色，脆嫩爽口，酱香浓郁，咸辣适中。

2. 酱制姜片

将盐渍后的成品咸姜块根据姜体大小，分别切成长3.5～4厘米、宽3～3.5厘米的薄片。脱盐按每100千克姜片加水105～110千克，入缸浸泡2小时左右脱盐，每半小时翻动1次，脱盐后滤去水分。用酱油将姜片酱渍4～5天，每100千克生姜片用酱油60千克，取出淋卤3～4小时，再将酱渍过的姜片放入缸内，按每100千克咸姜片加稀甜酱115～120千克，复酱15天左右即为成品。姜片酱色，酱味浓郁，咸味适度，味鲜辣，薄片形。

（二）甜酱姜芽

甜酱姜芽的原料为腌制好的成品咸姜芽。应选鲜嫩的咸姜芽，或切成厚约1厘米的姜片，姜芽根据制作酱姜芽或酱姜芽

片进行脱盐处理，备用。

1. 操作方法

腌制鲜姜经洗净去皮后放入缸内，以每 100 千克姜芽用 52 千克 20 波美度的盐水浸泡盐渍 3 ～ 4 天后取出，换用 21 波美度的盐水再浸泡 5 ～ 6 天，取出放入另一缸内，一层一层压紧，并灌入 21 ～ 22 波美度的澄清盐卤淹没姜体，缸面加封面盐（按 100 千克姜坯加 2 千克盐计），置于阴凉处备用。盐渍姜芽，一般可保存至第二年清明前后。若要继续贮存，必须将咸姜取出淋卤后换用 22 波美度以上浓度的澄清食盐液贮存，以保持鲜姜的品质。

将 100 千克腌姜芽浸在清水中，脱掉姜芽中的盐，捞取姜芽滤水 3 ～ 5 次，再用离心机迅速甩干。然后入酱渍缸，按每 100 千克姜芽用次酱（质量相对较差的酱）75 千克，卤酱 4 ～ 5 天，每天翻扒 3 ～ 4 次，卤酱后出缸换成甜面酱酱渍，每 100 千克卤姜芽用甜面酱 200 千克，每天翻扒 4 次，酱渍 15 天，甜面酱姜芽即成，封缸贮存。

2. 质量要求

成品颜色金黄，有光泽，酱味浓郁，脆嫩可口，滋味鲜甜，别有风味。

（三）甜酱姜芽片

1. 操作方法

先切除咸姜的老根及表皮疙瘩，根据姜体大小分别切成长 3 ～ 4 厘米、宽 3 ～ 3.5 厘米的小块姜，然后横切成 2 片。将切成薄片的姜放入缸（池）中，用清水浸泡脱盐 2 ～ 3 小时，每 30 分钟翻拌一次，使其均匀去盐，然后捞出沥水 3 ～ 5 小时，或用离心机迅速甩干。

用回笼酱油预酱 3 ～ 4 天，酱油用量为每 100 千克姜芽用酱油 60 千克，去除部分辣味，取出后淋卤 3 ～ 4 小时，再将预酱的姜芽片放入缸（池）中，每 100 千克姜芽片用加稀甜酱 115 ～ 120 千克酱制 7 ～ 10 天取出，进行第三次酱渍，按 100 千克姜芽片加 20 千克甜面酱、6 千克白糖、100 克味精、适量甜味剂、100 克苯甲酸钠或山梨酸钾拌匀，酱渍 5 天后成熟。

2. 质量要求

成品色泽金黄，具光泽，酱味浓厚，味鲜辣，脆嫩爽口，风味别致，薄片形。

（四）酱佛手姜片

1. 操作方法

盐渍姜经选拣切分嫩芽姜后，留下质地稍老的中部，可切成佛手形姜片。由于姜质稍老，切片时要求薄而均匀，以增强甜酱液的渗透，形成鲜甜滋味。切成长 3.5 ～ 4 厘米、宽 3 ～ 3.5 厘米的小姜块，然后沿较嫩部位每块切成 10 ～ 12 条芽缝，深度约占一半，再横切成薄片，切制要求大小、厚薄均匀一致。脱盐与嫩芽相同。成熟期以较嫩芽姜多 4 ～ 5 天为宜，因为它本身质地稍老。

2. 质量要求

成品色泽橙黄，酱香浓郁，味鲜甜，质地纯软，稍有渣质，薄片形。

糖醋渍：酸甜脆嫩适口

生姜糖醋渍首先要加盐腌制，以便排出原料的不良风味，并增强细胞膜的渗透性。生姜块经腌制后用清水浸泡脱盐，然后用糖醋原料液浸泡，成为甜酸适口、嫩脆、清香味美的加工品。其加工原理，一是利用醋酸的防腐性，醋酸含量达到1%以上即可有效防止产品败坏；二是利用加糖起到调味和调色的作用，增进制品品质；三是利用糖醋加工品的含糖量一般不超过20%，所产生的渗透压能够部分阻止但不能完全阻止微生物的危害，但只要醋酸含量达到1%～2%，即可有效防止微生物侵害。所以一定浓度的糖醋液具有明显的防腐保存作用。

（一）糖醋酥姜

1. 工艺流程

选料→切削去皮→第一次盐渍→第二次盐渍→切片→脱盐→醋渍→糖渍→着色→煮制→灌装、封口→杀菌、冷却→保温、检验及包装→成品。

2. 操作方法

（1）选料

要求生姜鲜嫩、致密、粗壮、完整、无疙瘩或无损伤。

（2）切削去皮

选好的生姜切去姜芽、老根，用薄竹片刮去表皮，并及时放入水中冲洗，捞出沥干。

（3）第一次盐渍

使用盐量为去皮生姜量的18%。把姜块放入木桶，厚约50厘米，稍用力压实，撒上一层食盐，再入一层姜、一层盐，直至桶满。撒盐时底层少，逐层增多，上层最多，然后放上竹盖或木块，压以洗净的重石，数小时后生姜内的水分浸出，一般会浸没姜面，如不足可适量加入盐水，20余小时后捞出姜块，

放入竹筐内，用重石加压 3 小时，姜内部分水分被压出。此时 100 千克去皮生姜可得姜坯 50 千克。

（4）第二次盐渍

第二次盐渍使用盐量为 12%。因第二次出水较少，无须排汁或加水，第二次加压沥干后，盐坯重量减轻 8% ～ 9%，如暂不继续后续工序的加工，可将二道盐坯放入木桶，至桶口 15 厘米处，倒入食醋，没过姜面 10 厘米（醋重量为二道盐坯重量的 30%），压以适当重量的石头，作为半成品保存。

（5）切片

先沿二道盐坯长度方向切一刀，然后与长度方向垂直的方向切成一边厚一边薄的半圆片或碎圆片。

（6）脱盐

将切好的姜片放入木桶，让小股清水从桶底部流入，桶口溢出，形成流动清水，清洗 3 ～ 4 小时，捞出，在竹筐内稍加压沥干 8 小时，中间可翻动一次。

（7）醋渍

把脱盐沥干的姜片放入木桶，加入比姜片重 50% 的食醋，醋液高过姜面 10 厘米，盖上竹盖，浸渍 12 小时捞出，沥干醋液。

（8）糖渍

将醋渍姜片倒入缸内，装至离缸口 16 厘米处，加入比缸内姜片重 10% 的白砂糖，上下翻动搅匀，抚平姜面，盖上缸盖，浸渍 24 小时捞出，沥干糖。

（9）着色

把糖渍后的姜片放入缸内，每 100 千克姜片用食用红色素 100 克，倒入缸内翻动均匀，摊平姜面，倒入糖渍时的糖液，盖上缸盖，再浸渍 8 ～ 10 天。

（10）煮制

滤出糖液，将糖液倒入不锈钢锅中煮沸，放入着好色的姜片，煮沸到姜片膨胀饱满为止。

（11）灌装、封口

煮制好的姜片稍冷却，装入容器中，装量为固形物≥ 65%，并灌入热糖液，加盖封口。

（12）杀菌、冷却

玻璃瓶装 500 克，80℃水浴中杀菌 15 ～ 20 分钟，杀菌结束后，要分段冷却到 38℃。瓶盖可以采用真空安全钮。若采用塑料薄膜袋包装 250 克，80℃水浴杀菌 12 ～ 15 分钟，杀菌结束后，迅速置于冷水中冷却至 38℃。

（13）保温、检验及包装

将产品堆码在保温库内，温度控制在 32℃左右，保温 5 天，检查有无胀袋、漏袋、鼓瓶、漏瓶等不合格产品，如有即检出。按规定抽样进行质量指标检验，合格者贴标、装箱、打包成件，库房验收入库即为成品。

3. 质量要求

成品色泽鲜红，切开后内外色泽均匀一致，口味清脆爽口，味甜略带辣味，姜片丰满，表面糖液黏稠度大。

（二）糖醋姜片

1. 加工配方

原料生姜：100 千克。

辅料：砂糖 30 千克，白醋 20 千克，食盐 10 千克，酱油 10 千克。

2. 工艺流程

预处理→预腌→辅料处理→腌渍→装料、封口及灭菌→成品。

3. 操作方法

（1）预处理

选择色泽鲜黄、肉质柔嫩、味道辛辣的子姜，清洗干净，去皮，沥干水分，切成薄片。

（2）预腌

在姜薄片里撒入适量食盐，拌匀，腌渍 10 ～ 15 小时，去掉盐水，待用。

（3）辅料处理

按配方比例将辅料加热煮沸，冷却。

（4）腌渍

预腌好的生姜加入冷却好的辅料，入坛、压实、密封，腌制 2 天即可食用。

（5）装料、封口及灭菌

瓶装可采用四旋罐头瓶包装，封口后沸水灭菌 10 分钟，用冷却水分段冷却到 38℃。特别注意，冷却过程中，冷水与玻璃瓶温度差不能大于 30℃，原则以玻璃瓶不炸裂为限。复合袋包装采用蒸煮袋真空包装，在 100℃的水中杀菌 10 分钟，再冷却至常温，即为成品。

糖渍：含糖量浓郁

糖渍加工的原理是通过增加生姜制品的含糖量，相对减少水分含量，使制品具有较高的渗透压，从而抑制有害的微生物生长繁殖，达到保存的目的。糖渍的含糖量必须在 60% 以上，才有可靠的抑菌效果。食糖对生姜的保护作用还表现在具有抗氧化功能方面，这是因为氧气在高浓度的糖液中溶解度很小，糖液中氧溶量低，防止了产品的氧化变质，从而提高了保存效果，延长了制品保存期。

（一）白糖姜片

1. 工艺流程

挑选→清洗→切片→煮制→冷却→糖渍→煮制→拌白糖→包装→成品。

2. 操作方法

（1）挑选

选用鲜嫩肥壮，无霉斑、腐烂的生姜。

（2）清洗

选好的生姜用清水冲洗、漂洗干净。

（3）切片

将清洗干净的生姜切成 0.5 厘米厚的薄片。

（4）煮制

放入沸水中煮至半熟，呈透明状时取出。

（5）冷却

煮制后的姜片迅速放入冷水中冷却，并捞出沥干水分。

（6）糖渍

沥干的姜片放入糖渍缸（池）内，按 100 千克姜片加入白糖 35 千克，分层糖渍 24 小时。

（7）煮制

将糖渍姜片及糖液一起倒入不锈钢锅内，加白糖 30 千克，煮沸浓缩至糖浆可拉成丝为止。捞出姜片后沥出糖浆，晾干。

（8）拌白糖

把煮制好的糖姜片放入木槽内，拌入白糖 10 千克，筛去多余的白糖，姜片上便附着一层白色糖衣，即成白糖姜片。

（9）包装

成品装入玻璃瓶或真空袋，并进行杀菌。

3. 质量要求

成品呈薄片状，黄白透亮，清香脆嫩，辣甜适中。

（二）果味糖姜丝

果味糖姜丝具有浓郁的果香、姜香气味，是一种受欢迎的休闲食品。

1. 工艺流程

选料→去皮→切丝→糖渍→烘制→回软→上糖衣→包装→成品。

2. 操作方法

（1）选料

生姜原料要求是新鲜、无霉烂、无冻伤、块大皮薄的嫩姜。

（2）去皮

姜块去皮采用化学方法，5% ～ 6% 的碱液浓度，在 93℃～ 120℃的温度下加热 0.5 ～ 1 分钟，立即用清水冲洗。

（3）切丝

姜丝的厚度以 2 ～ 2.5 毫米为宜，长度不限。

（4）糖渍

采用多次加糖、一次煮成的糖渍方法，原料切丝后应进行护色处理。护色液的配制：1 千克亚硫酸钠，2 千克精盐，1000 千克水（按比例酌减）。护色处理时间为 6 ～ 12 小时。护色后，将姜丝放入煮沸的低度糖液中煮制，然后将糖液的浓度逐步提高。糖液浓度的增加依次为 30% → 35% → 40% → 50%。每次改变糖液浓度后，煮沸时间为 15 ～ 20 分钟。煮糖完毕，捞出姜丝，并使糖液快速降温，待糖液温度降至 30℃以下时，加入 10% 的梨原汁，再将姜丝加入其中，浸渍 24 ～ 48 小时。

（5）烘制

浸渍后的姜丝沥干糖液，装盘送入烘房烘烤。烘烤温度为50℃→65℃→60℃，各烘烤温度的时长视制品干燥程度而定。待制品烘烤到含水量为12%～14%时即停止烘烤。

（6）回软

刚烘制完毕的姜丝，表面干硬易折断，需回软。先将干姜丝软软地聚在一起，用棉布或纱布覆盖，让其自然回软，待制品软而不韧、干而不折时再上糖衣。

（7）上糖衣

作为点缀食品或辅料，回软后即可包装，无须上糖衣。作为佐餐、旅游小食品，为增加姜丝的光亮度和果味感，还需要上糖衣。其方法是将软硬适中的糖姜丝放在93℃的过饱和糖液中浸泡30～60分钟，捞出并稍晾即为糖衣果味姜丝。过饱和糖液的配制：取蔗糖3份、水1份、梨原汁1份、淀粉糖浆1份混合均匀后，加热到113℃～115℃，熬制2分钟，冷却到93℃即可。

（8）包装

成品入包装袋或瓶装，杀菌密封。

3. 质量要求

产品色泽橙黄，果香浓郁，辣甜适中，姜香浓厚，绵软滋润，呈细丝状。

（三）姜撞奶

姜撞奶，也称姜汁奶，是中国南方地区一种别具特色的传统新鲜奶酪，一百多年前起源于珠江三角洲地区，尤

以广州市的番禺区、佛山市的顺德区知名。姜撞奶是以当地水牛奶为原料，利用生姜中的生姜蛋白酶使牛奶凝固而成，是典型的植物蛋白酶型新鲜奶酪。其口感香醇爽滑，甜中带有姜汁的辛辣味，风味奇特，名扬珠江三角洲、港澳地区及东南亚。

相传在广东番禺沙湾镇，一位年迈的老婆婆犯了咳嗽病，后来知道姜汁可治咳嗽，但姜汁太辣，老婆婆无法下咽，儿媳妇不小心把牛奶倒入了盛有姜汁的碗里，奇怪的是，过了一会儿，牛奶凝结了，婆婆喝了后顿觉满口清香。第二天，病就好了。就这样，姜撞奶在沙湾镇流传开了，沙湾人把“凝结”叫“埋”，“姜撞奶”在沙湾也叫“姜埋奶”。

1. 原料要求

鲜牛奶：全脂牛奶，比重 1.028，乳脂率为 3.4%，滴定酸度 16.5° T。

生姜汁：新鲜老姜洗净去皮，粉碎过滤去渣，滤液经 60 目以上筛过滤后备用。

白砂糖：一级白砂糖。

酸度调整剂：100% 乳酸（AR 级）调整。

2. 制作要点

将鲜生姜洗净去皮，磨碎榨汁置于洁净碗中备用，将水牛奶加入砂糖搅拌溶解并煮沸，待奶温降至 60℃～ 80℃时，按 1 汤匙姜汁兑 500 克奶的比例，将牛奶倒入盛有姜汁的碗里，静置 3 ～ 5 分钟凝固后即成。美味关键在“撞”字，奶在 4 ～ 5 秒内倒完，使牛奶与姜汁激情碰撞，甜与辣一瞬间融合，才能产生完美口感。

3. 工艺流程

配料、灭菌→混合→凝乳→包装→成品。

4. 操作方法

（1）配料、灭菌

全脂牛奶加入10%左右的白砂糖加热溶解，并用乳酸调pH值至5.5左右，然后于98℃条件下灭菌10分钟，冷却至60℃左右。

（2）混合

加入5%～8%制备好的生姜汁，于冷却后的牛乳液中混合均匀。

（3）凝乳

于50℃左右条件保温，使牛乳蛋白质凝固，一般数分钟即可凝乳。特别要注意，温度不能过高，如高于70℃，生姜蛋白酶便失活，不凝乳，宁可温度偏低，凝乳时间略长亦行。

（4）包装

传统方法制作的姜撞奶常现做现食，保质期较短，如能在加入生姜汁混合后迅速灌装入玻璃瓶或塑料盒，加纸封或塑膜封口，凝乳后冷却并于低温2℃～6℃条件下贮藏，可保存2～5天。

5. 产品特点

姜性温味辛，具有发汗解表、温中止呕的功效。牛奶营养丰富，容易消化吸收，物美价廉，食用方便。姜撞奶成品奶味香浓，入口滑嫩，辛辣适中，具有健胃益脾之功能。姜撞奶具有传统特殊风味，亟待工业化生产，其开发前景广阔。

（四）姜糖

姜糖起源于南方地区，是一道美味可口的传统名点。姜糖是用生姜提炼姜汁和红糖混合制成的，多为固体状。其肉质细腻，柔韧透明，甜中带辣，风味独特。传统姜糖的做法是把白糖熬成糖稀，加入切碎的姜末再煮一段时间，把糖稀倒在石板上等待冷却。当糖稀凝固成半流质半固体的时候，就把一大团糖稀放在一个大铁钩上反复拉扯，等姜糖完全变硬再也拉不动的时候，重新放在石板上，用剪刀剪成小块状即大功告成。

1. 原料要求

生姜汁：新鲜老姜洗净去皮，粉碎过滤去渣，滤液经 60 目以上筛过滤后备用。

红糖、白砂糖：符合 GB 13104 相关标准。

植物油：具有正常的色泽、透明度、气味和滋味，无焦臭、酸败及其他异味。理化指标符合 GB 2716 标准。

糯米：新鲜，无霉，无虫卵。

2. 操作方法

（1）制姜汁

将鲜姜洗净，用搅拌机搅碎，加少量水拌匀挤出姜汁待用。

（2）制糕粉

将糯米用 50℃～ 60℃温水淘洗 4 ～ 5 分钟，捞起摊开，沥干水分，次日清晨用大火炒至微微泛黄，然后磨成细粉（糕粉，又称雄粉），再摊放于地上 2 ～ 3 天，手捏成粉即可。

（3）过滤除杂

将红糖或白砂糖加水熬化，过滤沉淀，除去杂质，再放入锅里加姜汁和糕粉（少量逐步加入，以免成团），继续熬制。

（4）混合、成型

混合、成型温度控制在 80℃～ 90℃，不宜大火，边烤边搅拌均匀，使淀粉、姜汁渐渐成浓糊状。再加入植物油，继续煮开，然后加芝麻拌匀。

（5）包装

冷却至常温后，采用塑料袋装即为成品。

3. 质量要求

规格：长条形、正方体块状等，大小均匀。

色泽：深褐色或黄色。

滋味 / 气味：绵软滋润，细腻化渣，味甜微带姜味，清香爽口。

如果采用工厂化生产，须制定相应的标准，完善理化指标、微生物限量，保障姜糖成品质量。

干制：姜片姜粉干制品

生姜干制品以生姜片和生姜粉为主要产品，是生姜工厂化产品，也是我国近年来出口创汇的主要产品。

（一）热风干燥生产生姜干制品

1. 工艺流程

洗涤去皮→清洗→选检→切片→保护剂及护色处理→离心沥水→烘制→粉碎→包装→成品。

2. 操作方法

（1）洗涤去皮

将鲜姜装入竹编圆筒内，封口，再将竹筒悬放在水池中，快速转动竹筒，让生姜在里面翻滚，通过姜块与姜块之间，以及姜块与竹筒壁之间的摩擦作用，使泥沙和大部分姜皮脱落，并通过竹筒壁漏入水中。然后将姜倒出，用清水冲洗干净。有条件的可采用机械去皮，省工省力，效率又高。

（2）清洗

将洗涤后个别姜块上残留的姜皮及泥沙去掉。

（3）选检

在选检输送台上，将虫蛀、霉斑、黑斑及霉烂变质或干瘪的姜块剔除，留下质优新鲜的生姜块进入下道工序。

（4）切片

用切片机将姜块切成 2 ～ 3 毫米的薄片。选用一般果蔬切片机即可。

（5）保护剂及护色处理

将切片后的生姜片放入容器中，容器里盛有 0.3% ～ 0.5% 的护色剂溶液及一定量的保护剂，以全部淹没姜片为准，护色处理数分钟，并适当搅拌。

（6）离心沥水

将护色处理好的生姜片捞出，于离心机中甩干沥水，充分脱去水汽，取出，送至干制间。

（7）烘制

①土法上可用自制烘房干燥，可采用热风干燥生产。将处理好的生姜片在烘房内烘干，即得干燥生姜片。烘干一般采用低温鼓风烘干，鼓风有利于及时排除烘房内的水蒸气，降低温度，缩短干燥时间，并使姜片具有良好色泽。

干燥温度一般控制在 60℃～ 70℃为宜。温度过低，干燥周期过长，易造成姜片变质变味；温度过高，生姜营养成分损失严重，同时生姜挥发油成分容易挥发，影响产品品质。产品水分≤ 12%。

②具有一定规模的生产厂家可采用连续式热风干燥机，进行大风量的热风干燥。干燥生姜产品一次性完成效果好。

（8）粉碎

将干生姜片用粉碎机粉碎，过 80 目筛，得生姜细粉。

（9）包装

干生姜片和干生姜粉经检验后，根据国内外市场需求包装成不同的规格，便得到干生姜片和干生姜粉成品。

（二）冷冻干燥法生产生姜干制品

1. 工艺流程

预处理→切片→灭酶处理→预冷冻→冷冻干燥→包装→成品。

2. 工艺特点

真空冷冻干燥技术是让含水物料在低温状态下冻结，然后在真空条件下，使冰直接升华成水蒸气并排出，从而脱去物料中的水分，使物料达到干燥的目的。真空冷冻干燥具有明显的技术特点。

（1）营养成分不变

由于姜料是在低温、低氧、避光等环境中加工的，因此，生姜的碳水化合物、姜精油、蛋白质和维生素等损失较小。

（2）保持形态，色泽不变

低温能避免酶褐变及非酶褐变的产生，所以冷冻干燥的姜片复水后，能保持姜片新鲜固有形态，色泽风味几乎不变。

（3）复水性好

冻干姜制品呈海绵状多孔结构，孔多，分布均匀，无堵塞。孔隙的形成是在冷冻过程中，物料内水分冻结成冰，冰升华后留下孔隙，而物料形态固定不变，故而其复水性好，能在短时期内恢复到冻干前的状态。

3. 与常规热力干燥产品质量比较

冷冻干燥与常规热力干燥，均采用相变除去水分。不同的是热力干燥使水分由液态变为气态，干燥过程是在较高的温度下进行；冷冻干燥使水分从液态到固态，又从固态到气态，干燥过程是在低温下进行。所以与常规热力干燥生姜相比，冷冻干燥生姜不论是在物理方面（干缩表面硬化、多孔性、复水性、热缩性等），还是在化学方面（营养保健成分、色泽、风味等），都更具有优越性。

·干姜片

我国生姜的加工和生产方法目前仍然处于较为落后的阶段，生产加工设备简陋，生产技术落后，大部分的生姜生产工艺还停留在原始阶段。在传统的生姜打浆、磨细、榨汁和蒸煮的生产技术和工艺操作过程中，生姜中的有效营养成分被严重破坏，影响了生姜本身的营养价值。[①] 为了彻底解决生姜加工过程中存在的问题，我国的生姜研究者已经开始引进西方的超微胶囊粉碎工艺和超临界流体萃取法对生姜进行加工，力求获得高品质的生姜深加工产品。这些先进技术在一定程度上改善了我国生姜深加工产品的质量。

① 董琳：《生姜深加工工艺及经济附加值的分析》，《中国调味品》，2020 年第 10 期，第 186–188 页。

第五章 姜之制品

我国传统的姜制品主要有糖姜片、姜脯、姜芽、脱水姜片等，近些年已开发出多种生姜食品，包括含姜汁饮料，如姜汁茶、姜醋；含姜汁奶制品，如姜汁凝乳；生姜风味小食品，如甘草酸梅姜、葱酥糖姜片等。目前，生姜在生活中仍主要是以鲜食或作为调味品，随着生活节奏的日益加快，以及食品对工业化生产的迫切要求，市场上已出现诸如姜粉、姜精油等产品，但这些产品经高温、干燥、均质等加工，造成生姜中的风味物质挥发，同时导致营养物质大量损失，使得其食用品质下降，因此，有必要开发新的产品。糖姜、腌制姜、调味干姜、姜粉这些产品生产设备简陋，生产技术落后，远远不能消耗大量生姜，同时，生姜贮藏较难，易腐烂变质，这就给生姜的生产、贮藏、加工、销售带来很大压力。

第一节 每一块姜都做成精品

生姜作为药食两用的植物，在食品、药品行业应用广泛。根据加工技术的特点，生姜加工产品分为两大类：生姜的初加工产品和精深加工产品。初加工产品包括传统的生姜制品，如姜片、姜脯、姜丝等，以及利用生姜汁调配的风味饮料；精深加工产品有姜精油、姜辣素等。在目前的工艺条件下，生姜的加工过程会产生大量的副产物，如姜皮、姜渣等，而加工产生的副产物都会被作为废弃物直接丢弃。大量的副产物一方面造成了资源的浪费，另一方面对环境产生了直接的污染。姜渣和姜皮中含有大量的有效成分，如糖类、姜精油、姜辣素等。提取生姜加工副产物中的活性成分能够显著提高生姜的综合利用价值。

生姜的初加工制品

生姜的初加工主要是利用生姜独特的姜辣味加

工成各种形态的食品。生姜的初加工在我国历史悠久，目前主要有传统姜制品，如糖姜片、脱水姜片、姜丝、酱制生姜、糖醋酥姜、腌制生姜、姜丝辣酱、豆豉生姜、五味姜、干姜片、糟姜、咸酸味姜等，以及利用姜汁开发的新型食品，如姜汁软糖、姜汁果冻等。

（一）传统生姜制品

果脯类有白糖姜片、糖浆果脯、糖姜甘薯脯、糖醋姜等。糖姜，其实就是果脯类糖姜片的一种，还可以加入很多的腌渍食品，制作成其他味道，市场上常见的糖姜类有话梅味、甘草味、金橘味、柠檬味的，结合在一起，既有多变的、大众都可接受的爽口味道，还丰富了糖姜本身的医用药理效果。

1. 白糖姜片

白糖姜片是选用优质生姜，采用纯白糖精制而成，可化痰止咳，具有医食同源之功效，是理想的保健食品。

首先准备好制作糖姜的原料和配料。要选择比较饱满、无霉烂、无病虫害的优质黄姜，优质的白砂糖和白糖粉，以市场的合格标准为依据，还有少量的氯化钙和亚硫酸氢钠。其中，氯化钙是给原料硬化，亚硫酸氢钠是给原料护色。生产时应采用不锈钢或搪瓷制品用具，忌用铁锅等，否则生姜中含有的单宁遇铁会变褐色，影响产品色泽。

（1）原辅料处理

原辅料在处理上主要是简单的浸泡和过水。将选好的无问题的生姜洗净，处理好生姜皮，可用毛刷刮，这样既不伤害生姜，又可保证糖姜制作的质量。当前大多数采用机械去皮。处理好以后，用刀将其切成 0.1 ～ 0.2 厘米厚的薄片。随后，为了减轻其辛辣味，将姜片放入清水中浸泡17小时，其间换水2～3次，最好用流动水浸泡。浸泡完成后捞出，用0.5%的氯化钙溶液浸泡30分钟，这样做的目的是对生姜片进行硬化。最后进行烫漂，在沸水中预煮8～10分钟。

（2）制作阶段

首要的工作是对处理完的姜片进行护色，这一过程中对化学辅料的掌握和比对十分重要，基本上是用0.1%的亚硫酸氢钠与0.1%的柠檬酸浸泡30分钟。最重要的是，在护色完成后要漂洗4～5次。

熬煮糖渍过程比较重要，将白糖煮成50%的糖液，倒入沥干水分的姜片中糖渍24～48小时。取总糖量的2/3配成40%糖度的溶液，与姜片一同放入锅内，文火煮约30分钟，再加入余下的1/3的糖。糖约为80%时出锅，糖液与料的比例为2 ∶ 1。将糖渍后的姜片连同糖液倒入锅内进行糖煮，逐步添加白糖，糖液平于姜片即可。同时，添加适量的焦亚硫酸钠，使制品色泽洁白。糖煮时火要大，时间不宜过长。煮至糖液能拉成丝时，即可沥干糖液出锅。冷却后，即为成品。这种方式较上糖衣的方式要更注意防止吸潮。

（3）上糖衣

起锅后沥糖液，直接拌入糖粉（白砂糖在60℃～70℃烘干磨成糖粉），或者直接采用白糖粉，拌匀后用竹筛或漏勺筛出多余的糖粉随即包装，即为成品。糖姜片晶莹透明，气味芳香，味甜而稍辣。除了白糖姜片，果味糖姜或者糖浆果脯在市场上也颇受欢迎，研究开发以果味和鲜姜为原料的糖姜果脯，不仅可以丰富保健食品市场，而且解决了传统单一的糖浆味道等问

题，能够产生更好的经济效益。

（4）白糖姜片制作过程中需注意的问题

首先是选材，原材料是制作优质白糖姜片的关键。姜科草本植物姜的根茎，嫩者称紫姜、子姜，老者称老姜、老生姜。一般所说生姜多指后者，大部分地区均有栽培。秋、冬季采收，除去须根，洗净鲜用。市场上流通的有些生姜看上去很好，有可能是用硫磺泡过的，在购姜的时候做到一闻、二尝、三看，基本上可以分辨出生姜是不是被硫磺熏过。一闻，就是检查生姜的表面有没有异味或硫磺味；二尝，是用手抠一小块放在嘴里尝一下，姜味不浓或味道改变的要慎买；三看，是指正常的姜较干，颜色发暗，“硫磺姜”较为水嫩，呈浅黄色，用手搓一下，姜皮很容易剥落，而且掰开之后里外颜色差别较大。

其次是护色的手法，这个关系到白糖姜片的外观和色泽，是吸引人们的关键。传统的手法，是使用亚硫酸氢钠等含硫的化学物质，安全性比较低，目前市场上有各种新的护色工艺，如以柠檬酸、氯化钙复合护色液对姜片进行护色处理，来替代传统的亚硫酸盐护色工艺。护色处理以 0.1% 柠檬酸、0.1% 氯化钙热烫 10 分钟后再浸泡 2 小时，制得的无硫白糖姜片的感官质量较好，产品基本能保持原有生姜的亮黄色。

最后是糖煮的过程，这个过程不仅是考验工艺技术的关键，还决定白糖姜片的味道。选择的糖是相对优质的白糖和糖粉，要控制好糖煮的时间，糖煮的用量和原料的对比也要把握好，这样才能熬制出更好的味道。制作完成后还要注意保持干燥。

总之，白糖姜片外具白霜，内有生姜的独特风味，甜而不腻，辣而不呛，其制作工艺随着科技的进步在不断完善。

2. 酱姜

酱姜是用生姜去皮放入酱液中腌制晒干而成。酱姜的制作工艺比较复杂，卫生条件要求很高。最早都是乡下各农户根据传统工艺手工制作，产量很有限，基本是自产自给。近年来也发展到工厂化生产，产品出口到香港等地区，很受消费者喜爱。优质酱姜体内呈黑褐色，外表自然生长并包裹一层“糖衣”（俗称“沙”），食之甜而兼辣，生津开胃。酱姜生产中关键的工序是酱液的制作，很有技巧性，也是一门专有技术。酱液由糯米饭发酵制作而成，糯米饭的蒸煮、发酵、晒制、配兑都很有讲究，而且在季节、日光、时间等方面都要恰到好处，否则容易报废。

酱姜的内层略呈红糖色，姜心红里透黄，刀切横片，从割断面看去，红、黄二色相映成趣。酱姜吃起来甜香浓郁，微带咸辛，口齿生津，十分开胃，尤其早上用以佐茶，更觉神清气爽，有“晨起吃酱姜，胜似喝参汤”的说法。酱姜还可以做调料，每当烹泥鳅、烹大鱼头或烹鸡汤时，放入适量的酱姜片，使其充分溢味，既可消除鸡肉、鱼肉本来的腥味，又能使汤显得格外鲜甜芳香。

每年五月的端午节前后开始起酱，挑选优质糯米，淘净，放在器皿中蒸（不能煮）熟成糯饭。糯饭放凉以后，均匀铺在洁净的木制器皿或竹制器皿中密封发酵。过 5 ～ 7 天，糯饭就会长出一层生物酶糖菌，即为酱。这时就可以兑酱。把酱放于陶制或瓷制的器皿（“酱钵”）中，取洁净的阴凉深井水（开水、自来水或有污染的井水会导致坏酱），放少量的食盐，把酱和匀，放在太阳底下暴晒 3 ～ 5 天，晒的过程中要不停地翻动，让酱受热均匀。

酱晒好后先开始酱萝卜，把咸萝卜中的盐分洗至平时炒菜的咸度，晒干水分放于酱中，让酱把萝卜盖住（目的是让萝卜充分吸收酱中的糖分）。把酱钵放到太阳底下暴晒 7 天左右。晒的过程中要不停地翻动，让酱和萝卜受热均匀。7 天后取出萝卜，擦净萝卜表面的酱，放在太阳底下晒 5 天左右，头两天可以让萝卜晒 3 ～ 4 小时，晒的过程中要经常翻动萝卜，让萝卜受热均匀，后几天每天晒 1 小时左右，晒久了会把生物酶糖菌晒死，萝卜不起砂。萝卜在晒的过程中表面会长出生物酶糖，生物酶糖越多，萝卜的质量越好。萝卜晒好后，密封于陶罐中。

取出萝卜后开始酱姜。取优质的生姜去皮，洗净，放在锅中煮熟，煮到生姜断丝（这也要靠经验判断），取出放在太阳下晒干水分，再置于酱中。晒的过程跟酱萝卜一样。成品外表是一层白砂，疏松细腻，甜咸适中，营养丰富。酱萝卜可以用来烹鱼、泥鳅，炖鸡鸭、排骨，是上等的煲汤作料，酱萝卜老母鸭汤有清热去火、消燥止渴、生津利尿和滋阴养颜的功效，尤其是消燥去火的功效更为明显，是非常适合秋燥时食用的，也适合体内有热或经常上火的人食用。

3. 子姜菜

用来做菜的姜必须是嫩姜，即姜刚长成时，纤维很少或不足成熟时一半。

（1）醋子姜

选择无霉烂的肥厚嫩姜，洗净泥沙，置于缸（或池）中，每隔 20 厘米撒层细盐，每 50 千克鲜姜用盐 0.5 ～ 0.75 千克，最上层比下几层用盐量稍多，3 ～ 5 天后取出晾晒至表面干燥。准备好浓度 4% ～ 5% 的醋，里面加入部分白砂糖调味。将晒好的嫩姜放入缸（或池）中，到容积的 2/3 处。再把备好的醋液缓缓注入，液面到离缸口 20 厘米处。一个月后即为成品。

（2）盐腌子姜

选料和粗腌与醋子姜相同。将腌好的姜坯放入干净的缸（或池）中，到容积的 2/3 处，每隔 20 厘米撒层细盐，用量为每 50 千克鲜姜中加 10 千克，隔 5 天后向容器中注入杀菌后的浓度为 15% 的清洁盐水，水面至缸口应有 20 厘米距离，口部加入少量防腐剂，用量不高于水和鲜姜重的 1%。20 ～ 30 天后即为成品。

（3）酱子姜

选料和粗腌做坯同醋子姜。将做好的姜坯晾晒至表面干燥。准备好面酱，其含盐量为 20% 以上，放入缸（或池）中，达到容积 1/2 处即可。把做好的姜坯放入酱中浸泡 30 天以上，泡透为止，捞出洗去表面的酱液并晾干表面水分，即为成品。成品为酱红色，带有独特酱香味，清脆可口。

（4）糟姜

采用腊月制造的酒糟加入 10% 的食盐，姜的选料和粗腌做坯同醋子姜，将做好的姜坯晾晒至表皮干燥备用，酒糟放入缸中至容积一半，然后加入姜坯，液面距缸口20厘米为宜。然后用盖盖好，再用黄泥封严，缸盖上加遮阴帽，封存2个月，即为成品。

（5）姜芽的加工

姜芽有两种：一种是黄姜成熟后采收剥去外面肉质的厚皮，剩下的纤维化部分称为“姜芽”；另一种是利用老姜催生新芽，待长到一定长度后取下嫩芽部分，称为“姜笋”或“姜芽”。姜芽是一种很好的食品，既可生食，又可作为炒菜原料。将姜芽放在20%的食盐水中浸泡，并经常检测食盐水浓度，加盐调整盐度，使之保持在20%这个水平，60天后即可腌透，捞出，包装即可。

（二）生姜的复合制品

生姜具有独特的姜辣风味和良好的营养保健功能，利用该特性对生姜提取液饮料的研究较多。将红枣汁、乌梅汁和生姜汁进行配制，具有良好的口感；以生姜与番木瓜为主要原料，调配制成番木瓜生姜复配饮料，该饮料具有生姜和番木瓜的芳香，并具有很高的澄清度；以桂圆、红茶为原料并添加五味子配制成复合饮料，该饮料创新性地掩盖了五味子的酸苦味，发挥了它暖胃益气、美颜驱寒、调经补血的功效；利用生姜叶提取液配制饮料，配制的饮料色香味俱佳，该方法打破了以往生姜饮料的配制使用姜汁的惯例，对生姜饮料的开发有参考意义；用生姜和蜂蜜做主要原料，研制出姜汁蜂蜜醋饮料；以生姜、萝卜、梨为主要原料，配制出复合果蔬汁饮料；用生姜汁与枣汁进行复配，配制出各种风味的饮料。

除了将生姜与果蔬汁调配成复合饮料的研究，还有大量关于生姜与牛乳配制饮料的研究。利用生姜的保健功能结合乳清的丰富营养，制作成乳清姜汁发酵饮料；将鲜牛乳与姜汁调配成凝乳，再加入葛根粉、核桃粉，制得姜汁凝乳饮料；以尖椒、生姜为原料，利用乳酸菌发酵，开发出乳酸菌发酵饮料；把脱脂乳粉和生姜作为主要原料，经乳酸菌的发酵，调配成复合活菌型乳酸菌饮料。

配制的饮料结合了生姜的辛辣味、多种果蔬风味和乳酸菌发酵带来的酸甜味。

1. 生姜汁饮料

（1）红枣生姜复合饮料

这是以红枣和生姜为主要原料研制成的复合饮料。在单因素试验的基础上通过正交试验，确定红枣生姜复合饮料的最佳配方：红枣汁与生姜汁的质量比为 4∶1，白砂糖添加量为 7.5%，柠檬酸添加量为 0.25%。用该配方制成的复合饮料酸甜适口，具有浓郁的红枣香气和生姜的微辛辣味，是集营养和保健于一体的天然饮品。

选择新鲜肥厚、无病虫害、无发芽的生姜，洗干净后切成 2 ～ 5 毫米的薄片，投入沸水中热烫 2 分钟，立即冷却至室温。按料水比 1∶10 的比例放入打浆机中打浆。生姜浆液经离心过滤机（3000 转 / 分）过滤，除去残渣，得生姜汁，测其可溶性固形物含量为 4% ～ 6%，备用。将白砂糖加水煮沸，配成质量分数为 75% 的浓糖液，过滤备用。称取适量的晶体柠檬酸，加入水配制成质量分数为 50% 的溶液，备用。将制备好的红枣汁和生姜汁按一定的比例混合，并添加适量的白砂糖、柠檬酸等调味，制成红枣生姜复合饮料。将红枣生姜复合饮料装入洗净的玻璃瓶，100℃杀菌 10 ～ 15 分钟，杀菌后立即冷却至室温。

（2）生姜果味复合饮料

把营养丰富的生姜、番茄、草莓混合在一起，制成一种新型的复合型果味饮料。这种饮料既含有丰富的营养物质，又有浓郁的果香味。生姜、番茄、草莓复合果味饮料最佳配方：生姜汁添加量为 8%，番茄汁添加量为 25%，草莓汁添加量为 35%，绵白糖添加量为 10%。根据该配方调配出的饮料色泽鲜亮，口感细腻，滋味鲜美，酸甜适宜。

（3）姜醋饮料

将甘蔗果醋和生姜汁复配成姜醋饮料，生姜汁的抗溃疡功效能弥补饮用果醋导致的胃溃疡，生姜汁制备成饮料后能避免过多食用生姜导致的胃热，二者的抗氧化能力、清除自由基能力等功效协同发挥作用。

新鲜姜汁加入醋饮料中，对果蔬复合汁饮料中能引起腐败变质及产生毒性代谢产物的微生物具有较明显的抑制作用，能够延长保质期限，同时能保持果蔬复合汁饮料的色香味。另外，甘草可减轻刺喉感，使饮料口感更柔和，因此，可选定姜与甘草为主要辅料进行配方确定。甜菊糖甜味纯正、清凉，在各种非糖天然甜味剂中近似于蔗糖，具有高甜度、低热量的特点，可降低蔗糖的用量，节省成本，因此，可选用甜菊糖代替部分蔗糖。蜂蜜富含大量氨基酸，对酸味有一定的缓冲作用，可使醋酸柔和、鲜口、回味长，而且含有芳香族氨基酸和风味物质，因此，适量加入蜂蜜，有利于醋饮料色、香、味的提高。

姜醋饮料的最佳配方：蔗糖 7.5%，醋 10%，姜 3%，甘草 1%，甜菊糖 0.15%，蜂蜜 3%，麦芽酚每千克 40 毫克。按姜醋饮料的配方调配均匀，将调配好的饮料升温至 90℃，趁热装瓶，封瓶后在 100℃沸水中杀菌 10 分钟，然后冷却，即为成品。

（4）姜汁凝乳

将鲜牛乳和姜汁制成姜汁凝乳，然后与葛根粉、核桃粉进行科学调配与优化，制得姜汁凝乳饮料。姜汁凝乳的最佳工艺条件：姜汁添加量为 30%，凝乳温度为 75℃，滴定酸度为 28° T，钙离子添加量 0.25%。利用正交试验设计，确定姜汁凝乳饮料的最佳配方：姜汁凝乳 40%，葛根粉汁 25%，核桃粉汁 15%；产品最佳增稠剂由槐豆胶、卡拉胶、黄原胶混合而成，其添加总量为 0.2%，三者添加比例为 3∶4∶2。

2. 生姜风味蜜饯

（1）甘草酸梅姜

甘草酸梅姜是将嫩姜处理后与甘草、酸梅汁等配合糖渍而成，产品具有甜、酸、辛辣等复合味道，具有开胃生津等作用。

选取肉质肥厚细嫩的子姜，在流动的水中冲洗干净后刮净浮皮，或用 5% ～ 6% 的热碱液浸泡后捞出，放入流动的水中搓洗去皮，然后依横径斜切成 0.5 ～ 0.7 厘米厚的斜片，加适量精盐拌合腌制 3 ～ 4 小时，再投入浓度 3% ～ 5% 的石灰水中浸泡 4 ～ 6 小时，取出投入沸水中热烫 3 ～ 5 分钟，捞出沥干水分备用。

采用糖液浸渍和糖液煮制相结合的方法。取白砂糖 5 千克，加入酸梅汁 20 千克，搅拌并使其溶解，加入甘草粉 4 千克、丁香粉 200 克、苯甲酸钠 100 克（先用少量水溶解），搅拌均匀后加入处理好的姜片，浸渍 48 小时，中间翻拌 3 ～ 4 次，然后加热煮沸，微沸 8 ～ 10 分钟，适当浓缩以提高糖液浓度，最后用煮制液浸渍 24 小时。

糖姜片的烘烤分两次进行。第一次烘烤时，将姜片轻轻捞出，沥净糖液后放入盘中摊平，送入烘房，在60℃～65℃的温度下烘烤6～8小时。待姜片中的含水量降至24%～26%时，取出烤盘，适当回潮整形后进行第二次烘烤。第二次烘烤温度控制在55℃～60℃，约烘烤4～6小时，待含水量降至18%左右，用手摸糖姜片不粘手时即可出房。

烘烤中间要注意通风排湿。通风排湿的方法和时间可根据烘房内相对湿度的高低和外界风力的大小来决定。当烘房内相对湿度高于70%时就应进行通风排湿，如室内湿度很高而外界风力小时，可将进气窗及排湿筒全部打开；如室内湿度较高而外界风力大时，可将进气窗与排气筒交替打开。一般通风排湿3～4次，每次通风排湿时间以15分钟左右为宜。

通风排湿时，如无仪表指示，可凭经验进行。根据经验，当人进入烘房时，如感到空气潮湿闷热、面部有潮气、呼吸不畅时，即应通风排湿；当烘房内空气干燥、面部无潮湿感、呼吸顺畅时，即可停止排湿，继续干燥。烘房内各处的温度不一样，特别是使用烟道加热的烘房，上部与下部、前部与后部温差较大。所以在糖姜片的烘烤中要注意调换烘盘位置，翻动盘内产品。倒盘一般在第一次烘烤结束时进行，结合倒盘，可适当地用手将果实压成较平整的片状。用带有商标的无毒塑料袋做100克、200克、250克等不同的定量包装，密封后放入阴凉干燥处贮存。

（2）葱酥糖姜片

葱酥糖姜片是以鲜嫩姜片配合洋葱糖渍而成，产品质地酥脆、甘香轻辣，别具风味。

嫩姜清洗、去皮后斜切成 0.7 ～ 0.9 厘米的薄片，放入饱和石灰水中浸泡 24 小时，然后捞出在清水中漂洗，沥干水分备用。洋葱剥去外表干皮，切蒂后清洗，切成碎块，用打浆机打成细浆备用。

选取姜片 25 千克、白砂糖 20 千克、洋葱细浆 7.5 千克、清水 12 千克、甜味剂适量。将水、白砂糖、甜味剂入锅，搅拌溶解并加热煮沸，加入姜片，微火熬至沸腾，加入洋葱细浆，继续煮沸浓缩，搅拌至结成浓稠团块状。停止加热，缓慢搅拌冷却。将浓稠团块散摊于烘盘中，入烘房以 60℃～ 65℃的温度烘至干燥散开，含水量不超过 12%。以 50 克、100 克定量，用聚乙烯小袋抽气真空包装。

3. 姜枣凝胶软糖

将高良姜、红枣提取物按 2：1 的质量比混合，加入 5 倍水后搅拌均匀，称取适量明胶，加入 2 倍姜枣混液，75℃下恒温水浴搅拌备用。琼脂条加入 20 倍温水，浸泡 30 分钟，备用。蔗糖、果葡糖浆加 5 倍水溶解，加热，当糖液温度达到 100℃时搅拌熬煮，达到一定糖度时加入琼脂条溶胶，继续搅拌熬煮。当琼脂条完全溶解时停止加热，搅拌冷却至 80℃。糖液中加入明胶、剩余姜枣混液、柠檬酸，混匀，于 70℃恒温水浴锅中排气、倒模、冷却、静置、脱模、包装、储存。

姜枣凝胶软糖最佳工艺配方：姜枣混液添加量 400 克 / 升，明胶与琼脂质量比 10：1，糖液糖度 40%，柠檬酸添加量 1.2 克 / 升。此工艺条件下制得的姜枣凝胶软糖弹性十足且富有嚼劲，形态饱满，色泽鲜明，具有浓郁的高良姜和红枣风味。

生姜的精深加工制品

生姜的精深加工主要是指利用现代提取工艺，提取生姜中的生理活性物质。研究发现生姜的提取物在食品工业中可作为调味剂、抗氧化剂、护色剂、保鲜剂、防腐剂、嫩化剂、澄清剂、凝乳剂等。生姜的现代加工方法主要有水蒸气蒸馏法、溶剂浸提法、压榨法、超临界流体萃取法等。生姜的精深加工制品所含化学成分分为四大类：一是挥发油，以单萜类物质为主，如 37 种成分的单萜类物质；二是姜辣素，成分较为复杂，主要包括姜烯酚、姜酮、姜酚、姜二酮、姜二醇等混合成分；三是二苯基庚烷，以线性和环状二苯基庚烷类物质为主，实验证明该类物质抗氧化活性较强；四是其他类，如氨基酸、淀粉、多糖物质。

1. 姜精油

姜精油是指从姜根茎中用水蒸气蒸馏的方法得到的挥发性油分，几乎不含高沸点成分，具有浓郁的芳香气味，主要应用于食品及饮料的加香、调味，也是目前国内外市场抢手的价格不菲的香精原料和药用原料。如今已发现姜精油中有 100 多种成分，主要成分包括倍半萜烯类碳水化合物 50% ～ 66%，氧化倍半萜烯 17%，其余主要是单萜烯类碳水化合物和氧化单萜烯类。除了橙花醛，低沸点的单萜烯含量通常较低，约为 2%。其中，桉树脑（cineole）、芳樟醇（linalool）、乙酸香茅酯（citronellyl acetate）、龙脑（borneol）、香叶醛（geranial）和香叶醇（geraniol）是鲜姜香气最主要的呈香组成。

迄今为止，从姜中提取挥发性精油的方法以水蒸气蒸馏为主，得率为 1.5% ～ 2.5%。该法操作简便，投资少，但缺点是蒸馏时间长，能耗大，得油率低。近年来发展起来的 CO_2 超临界萃取技术与短程分子蒸馏技术则能在温和的条件下高效地分离、提取目标组分。姜精油是一种具有流动性的挥发性油，在常温常压下呈透明、浅黄色。

水蒸气蒸馏得到的姜精油是透明、浅黄到橘黄的可流动的液体，是一种复杂的混合物，其折光率为 1.4880 ～ 1.4940，密度为 0.871 ～ 0.882。不同贮藏期的姜用水蒸气蒸馏获得的姜精油物理参数大体相同。单姜精油组分中有些化合物是不稳定的。因此，姜精油长时间暴露在光与空气下会增加黏度，形成非挥发性聚合的残留物，降低旋光性。当温度超过 90℃时，姜精油的成分、气味、风味就会发生有害变化。姜精油的主要成分是萜类物质，一半以上为倍半萜。姜精油具有抗菌等生物活性，同时具有特殊的香味，在医药、食品、化妆品工业中可作为增香剂使用。

2. 姜辣素

姜辣素是一种难溶于水的黏稠半流体物质，常温常压下呈琥珀色至深棕色。姜辣素的化学成分较稳定。姜辣素具有特殊的辛辣味，可以作为香精香料的原料、药品配料、食用调味品。其中，姜酚类物质还能与动物性食品中存在的腥味和膻味物质发生作用，因此，可作为风味剂、祛腥膻剂用于各种肉制品和鱼制品的烹调与加工，以达到增加美味、消除异味的目的。

3. 姜油树脂

姜油树脂是用有机溶剂萃取姜根茎，然后回收有机溶剂，剩下的比较黏稠的半流体物质。它既含有少量精油的挥发性成分，也含有精油不具备的非挥发性的脂肪成分。因此，姜油树脂口感芳香、辛辣，含有姜作为香辛料的全部风味。

姜油树脂的主要成分为姜辣素，如今已发现姜中七种主要的辛辣成分分别为6-姜酚、8-姜酚、10-姜酚、6-姜烯酚、8-姜烯酚、10-姜烯酚和6-姜二酮。可以预测，随着先进的分析仪器的不断更新，姜辣素的分析技术将不断完善，其组分分析也将更加精确。

目前，姜油树脂的主要提取方法中，以超临界 CO_2 萃取法效率最高，并且其反应条件温和，无溶剂残留，选择性易于控制。用该方法提取出的姜油树脂具有高品质的风味且含有轻分子精油组分产生的微妙芳香气味。

萃取的姜油树脂是一种深琥珀色至深棕色的黏稠液体，几乎不溶于水，醇溶度也较低。静置后可产生粒状沉淀。美国精油协会（The Essential Oil Association of USA，EOA）对标准的油树脂定义为挥发性油含量为18～35毫升/100克，折光率为1.488～1.498（20℃）。姜油树脂中姜辣素的姜酚类化合物具有化学不稳定性，在受热、酸、碱处理时容易失水或发生逆羟醛缩合反应生成姜酮和相应的脂肪醛。另外，在姜油树脂的贮藏过程中，姜辣素含量会增加。姜油树脂含有姜的全部香气和味道，气味香辛、甜蜜，口味辛辣、温热，富刺激性，可作为高品质的浓缩调味料替代传统香辛原料应用于食品加工及烹调中。

姜油树脂中的姜辣素各组分物质分子中均含有愈创木酚基结构，在常温下为稠的液体，有很强的抗氧化性，是一种有效的羟基自由基（·OH）清除剂，可用来开发天然、高效食品抗

氧化剂。姜油树脂对大肠杆菌、啤酒酵母和青霉等表现出较强的抗菌性，且其活性 pH 值范围较广，可用来开发天然抗菌剂。姜油树脂对霉菌、细菌的最低抑制浓度为 0.4% ～ 0.8%。此外，由于姜油树脂表现出较佳的生物活性，有助于预防现代文明疾病，添加到食品中可起到营养保健作用。

4. 生姜蛋白酶

生姜蛋白酶是一种应用前景广泛的巯基醇植物蛋白酶，目前人类利用的植物蛋白酶以木瓜蛋白酶、菠萝蛋白酶为主。近年来人们对生姜蛋白酶研究后发现，生姜蛋白酶在食品工业中具有较好的应用效果，如在肉类的嫩化中，生姜蛋白酶可以分解胶原蛋白和肌动球蛋白，降解肌原纤维，从而提高肉的嫩度；在酒类的澄清中，生姜蛋白酶可将酒中的大分子蛋白质分解成氨基酸和小分子肽，对澄清啤酒和红葡萄酒都有良好的效果。

生姜蛋白酶的提取方法有很多，制取蛋白酶的方法都可用于生姜蛋白酶的提取。人们也已经试验利用硫酸铵、丙酮、聚丙烯酰胺凝胶、葡聚糖凝胶、DEAE- 纤维素、DEAE- 琼脂糖、电泳等层析、分离技术对生姜蛋白酶进行了分离纯化研究，但这些提取方法成本高、产量低，操作烦琐，不适用于工业化生产。

单宁法提取蛋白酶成本低，工艺简单，并且已被用于木瓜蛋白酶工业化生产中。研究表明，以丙酮粉为酶源，用单宁沉淀法提取生姜蛋白酶最适条件为 pH 6.0，浸提时间 35 分钟，单宁浓度 0.12%，得率为 1.1%。超滤法是适合于工业化生产的提取、分离方法，比单宁法、乙醇法提取的生姜蛋白酶的酶活力和得率高，更具有工业化生产价值。实验结果表明，在常温下 0.05 兆帕操作压力提取生姜蛋白酶得率可达 2.3%。

生姜蛋白酶对猪肉的致嫩作用十分明显，可用作肉类嫩化剂，一般认为，其嫩化机理为该酶可分解导致肉类老化的胶原蛋白和肌动球蛋白。研究表明，生姜蛋白酶对猪肉的嫩化最佳作用条件为质量分数 0.01%，缓冲液 pH 7.0，预处理温度 30℃。向啤酒中添加 0.05 毫克 / 升生姜蛋白酶可明显提高啤酒的澄清度，酒中蛋白质的含量也有所增加，色度稍有下降。这可能是生姜蛋白酶将酒中不稳定大分子蛋白质和蛋白类色素等物质分解为稳定性高并能使考马斯亮蓝呈色的多肽、氨基酸等物质所致。

生姜加工的副产物

依据生姜目前的加工工艺，生姜加工常伴有大量副产物的产生。在初加工中，姜脯、姜片的加工会产生大量的姜皮；姜汁饮料在生产过程中会有大量的纤维素副产物产生。在精深加工过程中，当生姜中的营养成分或活性物质被提取后，残留的副产物主要为姜渣。副产物的大量产生不仅造成了资源浪费，对环境也产生了直接的污染，因此，对生姜加工副产物的研究和利用变得尤为重要。

生姜含有挥发油，主要成分是姜醇、姜烯等芳香挥发性物质。挥发油可以用水蒸气蒸馏法、压榨法、溶剂萃取法等方式分离出来。生姜中所含的辣味成分是姜辣素、姜酮、姜烯酮等，都属于酚类物质。它们的性质和结构决定了它们难以随水蒸气蒸馏出，也难溶于水，因此，利用该化学性质，可以将挥发油和辣味成分分开，提高其利用价值。早在20世纪90年代就有科学家利用生姜中化学成分的性质差异，先后提取挥发油，再由剩下的姜渣分离得到姜油树脂，最后利用残余的渣质分离得到淀粉。

姜肉中有效组分51种，姜皮中62种，二者共有组分46种。虽然各地区姜的物质有不同差异，但是在对姜与姜皮的活性物质分析后发现，不同地区姜与姜皮的浸出物、挥发油、姜辣素含量差别很小。选用乙醇对姜皮进行浸提黄酮的研究，并通过单因素实验和正交试验优化后，姜皮中黄酮得率为0.61%。该法将废弃的姜皮再利用，不仅解决了姜皮作为废弃物造成的资源浪费和环境污染问题，而且提高了生姜的附加值。用有机溶剂提取姜皮中的姜辣素，选取乙醇溶液进行萃取，得率达到4.31%。利用高良姜的姜皮为原料进行提取姜皮红色素的研究，结果表明最佳的提取剂是1%盐酸乙醇，使用后姜皮的红色素色泽鲜艳，稳定性好，可作为天然的食品添加剂。目前对生姜皮中活性物质如黄酮、姜辣素、色素等的研究较多。

1. 姜渣提取姜辣素

利用超临界 CO_2 萃取工艺后，姜渣中姜油树脂的提取为4.04%。以乙醇为溶剂，选用超声波辅助法提取姜辣素，当乙醇浓度为75%，超声波提取时间为10分钟，料液比为1 ∶ 15，超声功率为800瓦时，姜渣粉中姜辣素提取率为2.1%。对姜渣中姜辣素的闪式提取工艺进行优化，对提取姜辣素的乙醇体积分数、料液比、提取电压、提取温度、提取时间进行单因素实验，运用响应面法优化提取电压、提取温度和提取时间，以姜辣素提取率为指标确定提取工艺，结果表明当乙醇体积分数为85%，料液比为1 ∶ 30，提取电压为61伏特，提取温度为82.1℃，提取时间为185秒，姜辣素收率达到1.82%。

2. 姜渣提取糖类

糖类在生命活动中扮演着重要角色，几乎参与了一切生命活动。因此，糖类的研究一直是世界各国生物学家研究的重点。采用不同的提取分离方法得到的多糖，其单糖组成、分子量范围、主链特征等结构特性会表现出不同的特点，具有的生物活性也会有所差异。

姜渣中淀粉含量接近木薯和马铃薯，姜渣中直链淀粉含量高，优于木薯和马铃薯淀粉，但脂肪和蛋白质含量明显低于马铃薯。对生姜提取姜油树脂后的姜渣进行研究，优化酸水解和酶水解，提取姜渣中的可发酵糖，再对提取的糖类进行乙醇发酵。该研究对姜渣的再利用提高了生姜的价值。经过超声波辅助碱液浸提姜渣中的淀粉，使其改性后成为具有较强吸附力的吸附剂。应用复合酶解技术和瞬时高压技术对姜渣中的膳食纤维进行提取和改性，经实验改进后，纤维素得率相比传统的酸碱提取得到了明显提升，尤其是可溶性膳食纤维的含量占到了总纤维的35%。

现代生物学中，糖类与蛋白质和核酸同属于生物大分子，在生物体中发挥着重要的作用。但是人们对糖类的研究长期落后于蛋白质和核酸，对糖类的功能构效关系大多处于待研究状态，尤其是糖类在生物体内的作用机理至今仍有很多不清楚的地方，亟待研究。随着近年来生物学的发展，以及多种现代化分析手段的应用，糖类的作用机制不断被揭示。在生物体内，糖类除了以多糖或游离寡糖的形式存在，还可以与其他成分或大分子复合形成糖复合物，如糖蛋白、蛋白多糖及糖脂等。

外形变化的姜制品

1. 干姜

生姜干燥，去掉水分后，就变成了另一种药材。关于从生姜到干姜的干燥方法，古人是比较讲究的。一是用料讲究。我们日常吃的生姜做干姜不行，要用母姜。我们吃的姜都是种一年就收的，把这种姜当种姜埋到土里再种一年，姜上又发出很多子姜，原来的子姜就成了母姜，或称老母姜、老姜。为什么用母姜呢？因为这种姜够辣，药劲才足。二是工艺讲究。《本草图经》记载："秋采根，于长流水洗过，日晒为干姜。汉州干姜法：以水淹姜三日，去皮，又置流水中六日，更刮去皮，然后暴之，令干，酿于瓮中，三日乃成也。"这样做是为了缓和姜的辛烈之性，并且姜皮和姜肉药性不同，去皮，让药性更精纯。

干姜为姜科植物姜的干燥根茎，是老姜种生姜的干品。从生姜到干姜，看起来只是少了点水分，但是干姜的功效与生姜还是有所差异的。生姜是温性的，干姜是热性的，生姜能解表寒，干姜能解内寒。干姜的做法包括直接干燥、盐腌制干燥、煮熟或蒸熟制作、烤干制作等。

（1）直接干燥

生姜直接切片，然后晾干，这是最常见的一种方法，很多家庭干制姜都是这样做的。这种方法比较简单，注意将生姜切薄片，注意均匀，否则姜片不容易同时晒干；若是切片太厚，姜的干燥时间较久，姜细胞中的水分慢慢流失，细胞死亡，这样晒出来的姜片肉质会纤维化，食用时影响口感。

（2）盐腌制干燥

盐腌制后再晾晒，也是一种快速晒制干姜的传统方法。把鲜姜洗净切片后，用盐腌制一晚上，捞起来晒干。盐腌制后，不仅直接去掉了大部分鲜姜的水分，还迅速杀死了姜的细胞，能有效防止肉质纤维化。不足之处在于，盐腌制品中亚硝酸盐含量较高，盐分也容易吸潮。

（3）煮熟制作

同制作无盐菜干一样，干姜也可以用沸水烫的方法来制作。先把鲜姜切片，然后在沸水锅里煮至刚熟，一般 30 秒左右即可捞起来晒干。这种方法能快速杀死细胞，防止肉质纤维化，但经过沸水浴后，姜的一部分味道将溶解消失。

（4）蒸熟制作

中药用干姜都是通过这种方法制成的。用这种方法制作的干姜需要反复蒸，中药有九制干姜的说法。经过蒸后，姜的

细胞能快速被杀死，味道也不会像沸水浴那样损失严重。

（5）烤干制作

烤姜片比较麻烦，这种方法的好处在于不依赖外界的环境，在没有太阳的情况下也能快速得到干姜。但是这种方法容易出现烤焦的情况，并且烤干的姜片火气比较大，食用之后容易上火。

2. 炮姜

炮姜为姜科植物姜的干燥根茎炒至表面微黑，内呈棕黑色即成。炮姜味苦、涩，性温。炮姜的辛燥之性较干姜弱，温里之力不如干姜迅猛，但作用缓和持久。

炮姜最早记载于汉《伤寒论》。至宋代，《太平圣惠方》中所载干姜除“炮”外，又出一“炮炭”，即姜炭。故可以认为，姜炭从宋代开始成为干姜的又一炮制品。《全国中药炮制规范》明确把二者区分开：“炮姜温中散寒，用于脾胃虚寒、腹痛吐泻。姜炭温经止血．主治吐衄崩漏，阴虚失血。”故可以认为，炮姜、姜炭应该是干姜的两种不同炮制品。

3. 姜炭

姜炭为姜科植物姜的干燥根茎经炒炭形成的炮制品。姜炭的制作极具特色。生姜放置于两个特制的砂锅中，以特定区域山坡背阳面地下 1 米深所称“阴土”为原料，对容器进行覆盖，外形神似“恐龙蛋”；将其置炭火上焖烧 24 小时，其间还要翻动一次，最终达到“炭而不灰”“炭而存性”，专于温经止血。

姜炭在生产过程中常会出现炮制不及（轻炭）或炮制太过（重炭）的情况，极大影响临床药效。目前对姜炭的质量控制，《中华人民共和国药典》（2020 年版）的标准是“表面黑色，内部棕褐色，体轻，质松脆。味微苦，微辣。以含6-姜辣素不得少于0.050%，浸出物不得少于26.0%”。传统工艺与新一代信息技术相结合的姜炭炮制，能更准确、快速、科学地提升姜炭质量。生姜、干姜、炮姜均含挥发性成分，挥发油中主要含有倍半萜烯、单萜烯等。倍半萜烯包括姜烯、姜黄烯和法尼烯等，单萜烯包括芳樟醇、冰片、桉树脑、柠檬醛α、柠檬醛β等。

炮姜多利用辅料，炮制时间短，注重药物的膨胀度，意在除去部分挥发油，偏于温中。姜炭炮制火力大，注重药物的颜色，意在炒炭存性，偏于止血。不同的炮制方法决定药物不同的功能与主治，这便是二者的根本区别。在炮制实践中，炮姜多以砂炒为佳，烫法有受热均匀、炮制程度均一的优点，且炮制时间短，损耗少。姜炭宜清炒，便于处理。由于炮制程度不一，炮姜炭化少，损耗率一般为20%，而姜炭炭化多，损耗率高达40%，导致其成本较高。所以二者不但规格不一、功效各异，而且在销售价格上高低不同。

干姜首次被《中华人民共和国药典》(1963年版)收录，且后续历代药典均有收录。除《中华人民共和国药典》(1977年版)未收录姜炭外，历代版本药典收录生姜的炮制品中均有干姜、炮姜、姜炭。其中，干姜的炮制方法包括：除杂→略泡→洗净→润透→切片(或块)→干燥。炮姜的炮制方法除1963年版药典采用清炒法外，其余版本药典均采用砂烫法，并以“鼓起，表面棕褐色”为度。姜炭则采用炒炭法，以“表面黑色，内部棕褐色”为度。全国共20个省市的中药饮片炮制规范收录了生姜及其炮制品，主要包括干姜、炮姜、姜炭，个别省份收录了煨姜、炒炮姜、炒干姜和土炒干姜。

纵观古代干姜的炮制沿革，从《神农本草经》最早记载其性味功效，到汉代成书的《金匮要略》首次提出其炮制方法，历代本草中大多记载了不同炮制方法，且炮制工艺与炮制标准不断完善，炮制理论体系也更为系统。干姜的炮制方法从最早的炮、烧、炒，发展到煨、制炭、加辅料炒等。炒、制炭等法沿用至今，炮法被砂烫法代替，煨、加辅料炒等方法已很少见。

第二节 生姜告诉我们好处

近年来，随着食疗保健在全球范围的兴起，各国的医药、食品领域专家及生物学家对生姜的研究越来越广泛并日益深入，与其相对应的生物制品也已经开始出现。生姜既是一种常用的食品和香辛料调味品，也是一种临床应用非常广泛的中药，在临床应用中多作为复方。丹麦科学家研究证实，生姜能缓解晕车、晕船等引起的头晕、恶心、呕吐等症状，现在已经研制出一种防晕的生姜胶囊。

生姜为姜科姜属植物，根状茎肥大，多分枝，且带有芳香辛辣味，可供药用，也可做烹调配料，或用于饮料及化妆品香料中。现代研究结果表明，生姜中含有大量的挥发性油脂、脂肪油、姜辣素（姜酚、姜酮类等）、二苯基庚烷、树脂、蛋白质、维生素、戊聚糖、淀粉和矿物元素等多种天然成分，具有很强的杀菌作用和抗氧化能力。

生姜的传统功效

生姜入肺、脾、胃三经，有散寒解表、温中止呕、化痰之功。雨淋水浸之后，民间常煎服生姜汤，

用以解表发汗，驱散寒气。生姜皮为利水消肿药。

除作为药材外，生姜还是当今国际贸易中最重要的根茎类香辛料，在日常生活中由于其独特的辛辣风味，常作为调味品被广泛使用。有效的药理作用、味佳、无毒和可长期食用的特点使生姜成为重要的药食同源材料。生姜的功效可归纳为以下六个方面。

1. 调味解毒

姜是食物烹调中重要的一种调味品。其不仅能够减轻腥膻食物的异味，还具有消解食物中潜藏的某些有害成分的作用。

2. 止呕降逆

姜的止呕降逆作用，早在仲景方中就已得到肯定。只是方中有时用生姜，有时用干姜，有时生姜和干姜同用，方式不同，但是效果是不容置疑的。

3. 促进循环

姜的挥发和辛辣成分能使血管扩张，血行旺盛。受寒后煎服生姜汤感觉全身温暖，说明生姜对改善血液循环的作用较大，且能刺激汗腺分泌，促进发汗。

4. 健胃止泻

姜的芳香和辛辣成分能直接刺激胃黏膜引起局部充血，使血液循环得以改善，胃液分泌增加，有助于提高食欲，促进消化吸收。生姜的辛辣成分有健胃作用，能增强人体唾液淀粉酶的分泌，且姜汁中也包含淀粉酶。生姜还有显著的止泻作用，但其药力逊于干姜。

5. 抗菌消炎

姜对伤寒杆菌及霍乱弧菌有比较强的杀菌作用，姜酮和姜烯酮对上列病原体亦有强大的杀菌力，其中，姜酮的作用尤其大。根据试验观察发现，生姜对堇色毛癣菌有抑制作用。

6. 祛痰镇咳

姜用于祛痰镇咳，对风寒感冒后咳声不扬、痰咯难出之外感咳嗽颇有效果，服用后呼吸畅通，咯痰爽利，咳嗽也随之缓解。

生姜的化学成分

姜，这一常见的食材与药材，其内部蕴含着复杂而精妙的化学世界。目前已确认的化学成分达 200 余种，蛋白质占 1.4%，脂肪占 0.7%，糖类占 8.5% ，而姜酚、黄酮类、精油等活性成分，更是赋予生姜独特功效的关键所在。其中，姜酚作为生姜的主要活性成分，以 6– 姜酚、8– 姜酚等为代表，按结构可分为单芳环庚烷和双芳环庚烷两大类，是生姜典型辣味的来源。

挥发性油脂、姜辣素、二苯基庚烷类化合物、黄酮类化合物及生姜多糖，这五大类化合物构成了生姜止吐、抗氧化、杀菌等功效的物质基础。

1. 挥发性油脂：芳香与功效的双重奏

姜的挥发性油脂，即姜精油，是通过水蒸气蒸馏法提取的油状液体，几乎不含高沸点成分，散发着浓郁芳香。不同种类、产地的生姜，其挥发性油脂成分含量各异，也因此形成了药用价值与食用价值的差异。食用生姜根茎纤维少，香辛味浓，水分足。姜精油不仅能为食品和饮料加香调味，还具备抑菌、抗氧化能力，可用于水果、蔬菜保鲜，同时能保护胃黏膜细胞，抑制盐酸性和应激性胃黏膜损伤。凭借抗菌、抗氧化及特殊香味，姜精油在化妆品和香料领域也占据一席之地，常见于刮痧精油和香水中。

2. 姜辣素：辣味背后的药用宝藏

姜辣素是生姜辣味化合物的总称，其中，6– 姜辣素是其主导成分。与甜、咸、酸、苦不同，辣是一种痛觉体验。姜辣素中的多种成分具有极高的临床应用价值，其含量高低与生姜药用价值及作用方向紧密相关，对不同炮制方法、种类生姜的药效研究意义重大。在中药材质量标准中，相关法典对生姜制品的姜辣素含量有明确规定，如《中华人民共和国药典》(2015年版)要求干姜中6-姜辣素含量不少于0.6%，炮姜中不少于0.3%。这是因为生姜在炮制过程中成分会发生变化，如鲜姜中的6-姜酚在高温或酸性条件下，会转变为6-姜醇。

3. 二苯基庚烷类化合物：天然的抗氧化卫士

二苯基庚烷类化合物主要存在于姜科植物中，在抗脂质过氧化及清除DPPH自由基等方面展现出显著的抗氧化作用。同属姜科的高良姜，便是研究此类化合物的热点植物。

4. 黄酮类化合物：抗菌抗氧化的植物精华

黄酮类化合物是植物的次级代谢产物，广泛存在于各类植物及蔬菜、水果、蜂蜜中。生姜中的黄酮类化合物，抗菌、抗氧化能力突出，其抗氧化活性甚至强于柠檬酸和抗坏血酸（维生素C）。

5. 生姜多糖：健康领域的潜力新星

生姜多糖由葡萄糖、半乳糖、甘露糖和果糖等单糖组成，目前学者们对其提取工艺及抗氧化作用的研究不断深入，展现出其在健康领域应用的巨大潜力。

从现代营养学视角来看，每100克生姜可食部分富含蛋白质1.4克、脂肪0.7克、糖类8.8克，以及钙、磷、铁、胡萝卜素、维生素等多种营养成分，还有谷氨酸、丝氨酸等氨基酸和姜酮、姜烯酚等挥发油。正因如此，生姜既是日常烹饪中不可或缺的调味食材，也是养生保健的常用药材，它在饮食与健康领域发挥着重要作用。

第六章 药食两用植物

生姜，别名因地辛、百辣云，为姜科多年生草本植物姜的新鲜根茎，是一种非常典型的药食同源植物。生姜具有的特征性香气和辛辣味，使其作为调味品在烹饪中发挥着增香、去腥、丰富食品味道等作用。而作为传统的中药材，生姜入药历史悠久。《中华人民共和国药典》中有记录，生姜性温，味辛，用于风寒感冒、胃寒呕吐、寒痰咳嗽等病症，具有解表散寒、温中止呕、化痰止咳的功效。

生姜作为药食两用的植物，目前在药品、食品、化妆品等领域都有应用。生姜含有多种对人体有益的活性成分，如矿物质、维生素、氨基酸、姜油树脂等，有改善血液循环、促进人体新陈代谢、增加消化速率、促进食欲的功效。国内对生姜的研究主要集中于生姜的食品加工，对生姜中活性物质的分析和应用较少。

生姜具有较高的药用、食用价值，是人们生活中不可缺少的一味常用药食，是国家卫生健康委员会推荐的药食两用食物。俗话说，“早吃三片姜，赛过喝参汤”，可见生姜在辛香调料中的地位。

姜有独特的辛辣味，与葱、蒜、辣椒并称“四辣”。按姜的肉质根的成熟度和贮藏时间分为老姜、嫩姜。老姜质地老而有渣，味道较辣，料理时多切片或拍松，使得姜汁流出，以去除肉类的腥臊之味，同时与葱搭配，合称“葱姜”；也可切成丝，与醋同用，佐食水晶肴蹄、清水蟹等。通常在调味时提取姜汁，形成一种独特的姜汁味，用于制作蟹虾丸，以及姜汁羊肉、姜汁豇豆等菜肴。嫩姜可以做配料，切成片、丝，制作烫干丝、瓜姜鱼丝、子姜炒鸭、嫩姜炒鸡肺、芽姜牛肉等名菜；还可以腌、酱、渍、糟、泡，如脆嫩香辣、别有风味的扬州酱姜。

生姜有特殊风味，可长期食用而无害，是国家卫生健康委公布的首批药食两用植物。生姜含有多种功能性成分，如姜辣素、姜烯酚和姜酮等酚类成分，嘌呤类化合物及姜油等挥发油类，其中，姜酮可有效抑菌，增加产品风味。

·姜汁奶昔

第一节 餐盘里的生姜

作为一种调味品，姜的作用是不可替代的。在很多菜谱里，姜都是必要的调味品。现代人对姜非常依赖，人们经常会冲一碗姜糖水喝。“姜御百邪”，从古代起，姜就被人们用于烹调饮食了。

姜膳食营养

生姜因其特性，既可以作为菜肴食用，也可以作为烹调菜肴的调味品。在肉类烹调中，加入生姜或其制品，具有增味、嫩化、去腥、增鲜、护色、清口等作用。近年来随着人们对生姜保健功能的研究不断增多，不少机构已开发出多种生姜产品，如姜汁茶、姜醋饮料、姜汁啤酒、姜汁凝乳等。对油脂的氧化及抗氧化方法的研究是世界各国在油脂和富脂食品贮藏方面的焦点问题。虽然已有多种有效的抗氧化方法，但是备受人们关注的还是天然的、廉价的抗氧化剂的开发与利用。生姜的抗氧化特性源于其所含的抗氧化活性成分，使用有机溶剂浸提法能够提取生姜中的抗氧化活性成分。

生姜的主要组成成分是具有挥发性的姜精油和非挥发性的姜辣素，除此之外，还包含纤维素、淀粉、糖、蛋白质等营养物质。

重庆三峡学院研究生杨岩对生姜品质指标分析所得出的结果表明：11 个品质指标的变异系数范围为 14.64% ～ 41.84%，说明测试指标在样品间存在不

同程度的差异，其中，6- 姜烯酚的变异系数最大。利用相关性分析与主成分分析结合的方法，从 11 项品质指标中筛选出符合评价生姜品种品质的 5 项指标，分别为 6- 姜酚、可溶性蛋白、干物质、总黄酮和可溶性糖含量。经聚类分析，将 17 种生姜聚为 4 类，得出湖北宣恩生姜的维生素 C 含量、可溶性蛋白含量和粗纤维含量的均值都高于平均水平，其营养价值较高，适宜加工成姜粉和生姜蛋白制品；四川生姜和铜陵白姜的可溶性糖含量较高，分别为 3.38 毫克 / 克和 3.06 毫克 / 克，适宜加工成糖姜和腌渍姜；乐山黄姜的 4 种姜辣素含量均显著高于其他品种的含量（$P < 0.05$），适宜加工成调料和提取特征成分；渝姜 1 号的干物质含量最高为 18.13%，且粗纤维含量和 4 种姜辣素含量最低，适宜做菜姜，直接鲜食。

生姜的挥发油和姜辣素物质是反映生姜内在品质的主要指标，前者是生姜的主要香气成分，而后者是构成生姜的主要辣味成分。姜精油是一种天然的抗氧化剂，可用来解决油脂及富脂食品的氧化问题，对于油脂类食品，表现出独特的供氢和断氧协同抗氧化的特性，也是常用香辛调味品中最具抗氧化性能的天然植物。对姜汁应用的研究表明，生姜汁嫩化猪肉的效果十分显著，而且使用生姜汁对肉类进行嫩化，成本低且方法简便。另外，由于姜汁中所含的生姜蛋白酶等成分可以使牛乳凝固，因而可以以生姜汁和牛乳为原料生产新型的姜汁凝乳，提高牛乳的保健功效。在姜汁啤酒的研制过程中，采用渣汁分离的方法，在糖化阶段加入姜渣，在发酵阶段加入姜汁，可酿造出口味独特、质量较好的啤酒，适合冬季饮用。

生姜中含有大量纤维素，但是作为生姜深加工后的残渣，其综合利用率较低。近年来，随着可溶性膳食纤维及不溶性膳食纤维作为清理肠道毒素、减脂、减肥等功效的保健食品进入市场，生姜膳食纤维素也逐渐进入人们的视野，对它的研究有利于促进生姜高效、综合利用，有利于提高生姜的保健价值和经济价值。

（一）生姜的主要营养物质

1. 游离氨基酸

氨基酸是所有生物体内合成蛋白质的重要组成部分，同时也是人体维持新陈代谢和能量水平的重要物质。专家对生姜游离氨基酸进行检测，发现不同生姜种质资源的游离氨基酸含量不同，共检测出 16 种游离氨基酸，其中，人体必需氨基酸有 6 种。

2. 可溶性蛋白

可溶性蛋白在植物体内具有重要的作用，如参与渗透调节、提供能量等。可溶性蛋白可以有效地保护细胞内的生命物质、细胞壁、细胞膜等，因此它也经常被作为筛选作物抗病性的标准之一。使用乙烯利处理生姜姜芽，发现可溶性蛋白随着生姜成熟逐渐增加，并且使组织细胞衰老。

3. 可溶性糖

可溶性糖在植物体内能够充当能量储存或者转移的介质。前人在对有无活性薄壁细胞的生姜离体培养研究中发现，可溶性糖在愈伤组织的脱分化阶段含量增加。

4. 维生素 C

维生素 C 参与生物体众多复杂的代谢过程，既可以促进生物体生长和增强免疫力，也可以作为营养剂和抗氧化剂。前人通过维生素 C 片研磨与西瓜霜片研磨对比，发现维生素 C 对口腔溃疡患者的治疗效果更佳。另外，对菊花贮藏品质研究发现，维生素 C 在贮藏 5 天时下降明显，10 天时下降 27% ～ 56%。

5. 纤维素

纤维素是由葡萄糖大分子构成的，属于不溶于水的多糖。前人对葡萄中纤维素的变化研究发现，裂果率高的种质资源纤维素含量较少，纤维素转为半纤维素，果皮硬度降低，细胞壁无延伸性。[①] 纤维素拥有膳食纤维的药理功能，可以降血压、降血脂等。[②] 对蔬菜品质的研究发现，一类蔬菜的多个种系，不同含量的纤维素导致各个种质资源间蔬菜的品质高低不一。

6. 淀粉

淀粉是高分子碳水化合物，是由葡萄糖分子构成的多糖。对不同生姜种质资源淀粉进行对比，发现不同生姜种质资源的淀粉功能性质不同，吸水能力、溶胀能力、溶解度以姜黄淀粉最佳。在生姜营养成分中，淀粉含量最高，超过生姜干重的 53%。

① 王敏、韩守安、张雯等：《不同裂性葡萄品种果皮结构及代谢物质差异分析》，《新疆农业科学》，2022 年第 7 期，第 1642–1649 页。

② 刘秋艳、连欣悦、容格清等：《膳食纤维生理功能研究进展》，《粮食与食品工业》，2021 年第 4 期，第 25–28 页。

（二）生姜的腌制和食用

选择优质的鲜姜是制作腌制鲜姜的关键。应选择表皮光滑、颜色鲜艳，没有裂纹和损伤的鲜姜。将鲜姜洗净，去皮后切成薄片或细丝。切好后放入清水中浸泡10分钟，去除辣味和涩味。然后将鲜姜片或鲜姜丝捞出，沥干水分备用。准备一个干净的玻璃瓶或塑料盒，将沥干水分的鲜姜片或鲜姜丝放入其中。在瓶（或盒）中加入适量的盐和白糖，根据个人口味适当调整比例。然后加入足够的米醋或白醋，使鲜姜片或鲜姜丝完全浸泡在醋中。如果喜欢辣味，可以加入一些切碎的辣椒；如果喜欢蒜味，可以加入一些切碎的大蒜。这些调料可以根据个人口味适当添加。将瓶（或盒）口封紧，放入冰箱冷藏室中腌制。一般需要腌制3～5天，其间可以适当翻动和搅拌，使鲜姜片或鲜姜丝均匀入味。腌制好后，将鲜姜片或鲜姜丝取出装盘即可食用。可以作为小菜搭配米饭、面条等主食，也可以作为烹饪其他菜肴调味品。

以黄姜为材料，采用醋泡、酒泡、糟辣椒泡3种不同的泡制工艺来制作泡姜，研究黄姜在3种泡制工艺中的pH值、水分、总酸、姜辣素、硬度、粗纤维、亚硝酸盐、有机酸和感官评价9种理化指标的动态变化。结果表明，在3种泡制工艺的泡制过程中，pH值、水分、姜辣素含量总体均呈下降趋势；总酸呈上升趋势；硬度和粗纤维前5天下降，后期趋于稳定；亚硝酸盐在第5天出现亚硝峰；有机酸在前20天总体呈上升趋势，后期趋于稳定。感官分析表明，3种泡制工艺制作的泡姜制品在第10天左右分数较高，10天后分数呈下降趋势，其中，醋泡姜分数总体较高。综合以上分析得出，泡姜制品的最佳食用时间是在泡制 1 周后，且醋泡姜比另外两种泡姜的品质好。[①]

姜饮食“和之美”

3000 年前，曾担任过商朝宰相的伊尹（据说原先是商汤王的厨师）常在烹饪食物时，加入姜、桂之类的芳香植物，以增其美味。中国古代伟大的思想家、教育家孔子对姜特别喜爱，几乎每天都要吃。《论语·乡党》中就有孔子“不撤姜食，不多食”的记载。而明清之际的思想家王夫之，既给自己的书室取名“姜斋”，也给自己取号“姜斋”，或许就是他对姜特别喜爱的缘故。

（一）传统姜膳

事实上，国人很早就开始食用姜，如《论语》中说“不撤姜食”。颜师古在为《急就篇》做注时，曾对为何“不撤姜食”做了简要解释，“姜御泾菜也，辛而不荤，故荠者不撤焉”。许慎的《说文解字》亦说姜是“御湿之菜”，能够抵御湿气。但孔子认为姜“不多食”，生姜吃多了，反而对身体不利。这种观点一直延续传承，孙思邈在记录干姜、生姜的疗效时，转引黄帝与胡居士之言，说“八月、九月勿食姜，伤人神”，“久服令人少志少智，伤心性”。李时珍亦说：“食姜久，积热患目，珍屡试有准。凡病痔人多食兼酒，立发甚速。痈疮人多食，则生恶肉。此皆昔人所未言者也。”

① 郭银萍、李兵、穆兴燕等：《不同泡姜工艺泡制过程中品质变化研究》，《中国调味品》，2022 年第 9 期，第 72–76 页。

《礼记·内则第十二》记载，姜和桂一起成为珍馐美味，供国君享用。《史记·司马相如列传》中也有“茈姜、蘘荷”的记载。故姜与葵、韭、葱、薤、蓼、苏等一起出现在蒙学读物中，成为既常见又重要的汉字。早在西汉时期，姜的人工种植面积已经不小了，《史记·货殖列传》中有“千畦姜韭”的记载，所以在东汉成书的《四民月令》中便有封生姜、藏生（茈）姜的种植时间记载。

姜亦食亦药，民间流传有“冬吃萝卜夏吃姜，不劳医生开药方”“早吃三片姜，赛过喝参汤”的谚语。率先提出“食治”思想的孙思邈也将干姜和生姜纳入食治菜蔬之中。李时珍也说姜“辛而不荤，去邪辟恶，生啖熟食，醋、酱、糟、盐、蜜煎调和，无不宜之。可蔬，可和，可果，可药，其利博矣”。李时珍在《本草纲目》中有言，“俗言上床萝卜下床姜，姜能开胃，萝卜消食也”。

1. 姜母鸭

入伏后，酷热的天气容易使人感到疲惫，可选用肥美的鸭肉来滋阴补身。搭配适当的食材，还能起到利水消肿的作用，非常适合在暑邪、湿邪横行的夏季食用。

姜母鸭起源于福建，是福建的传统名小吃，而后传至中国其他地区如台湾等地乃至海外。姜母鸭独特的口味与较强的食疗效果深受闽南及台湾人民的喜爱，享有“厦门一宝”“闽台一绝”之美誉。

用料：鸭肉1000克，生姜片200克，桂皮、香叶、八角适量，芝麻油、花雕酒（或黄酒）、老抽、盐、红糖适量。

做法：取新鲜鸭肉改刀切块，焯水后捞出，再放入冷水中洗净，沥水备用。锅中倒入适量芝麻油，放入生姜片煸至微黄，放入八角及鸭肉，快速煸炒。将老抽、花雕酒、红糖混合并搅拌均匀。鸭肉煸至表皮发黄后，倒入调好的酱汁，上色炒香。加水没过鸭肉，大火烧开后加入桂皮和香叶，转小火焖煮1小时，加盐调味，大火收汁，即可食用。

姜母鸭色泽诱人，味道鲜美，营养丰富，食膳补而不腻，温而不燥，适用于气血两虚的人群。姜母鸭虽好，但在食用时也要把握一个“度”，正如《汉书·食货志上》中所说的：“生之有时，而用之无度，则物力必屈。”因此，在食用过程中切不可过度，防止营养过剩从而引发胆固醇升高、血压升高等问题。

2. 子姜鸭

子姜鸭是川菜传统名菜之一，是以鸭子为主要食材的农家菜。此菜鸭肉香嫩可口，营养价值高。

用料：鸭子1只，斩杀清洗干净后斩小块，在沸水中过一遍。嫩姜250克，朝天椒100克，老姜一小块拍破，花椒30粒左右，泡红椒8个切碎，豆瓣酱两大匙，老抽、生抽各两大匙，白糖一大匙，花椒油适量。

做法：嫩姜滚刀切小块，朝天椒对半切开后去籽。锅中放油烧至九成热，放入花椒、老姜爆一下，然后倒入鸭块，用中大火爆至发黄、油亮。调至小火后，将鸭块铲起留下油，把泡红椒、豆瓣酱、老抽、生抽、白糖一并倒进余油中，小火慢炒至发亮呈樱桃色后，将鸭块倒入翻炒一分钟。加水没过鸭块约 5 厘米高，大火煮沸后改小火煮，放盐适量，煮约 20 分钟后倒入嫩姜和朝天椒继续烧，最后加入一点花椒油，增加麻味，翻炒片刻就可以出锅装盘了。

子姜鸭是源于川南峨眉山周边的农家菜。传说在明朝嘉靖年间，因其独特的调味和工艺，被当时皇宫和寺庙的和尚高度青睐，从而成为传统名菜。如今的子姜鸭逐渐流传至四川各地，并且成了四川地区各大餐厅和饭店的常见佳肴。

3. 当归生姜羊肉汤

当归生姜羊肉汤是我国经典的药膳名方，出自东汉张仲景的《金匮要略》一书。《金匮要略》记载："寒疝腹中痛，及胁痛里急者，当归生姜羊肉汤主之。""产后腹中痛，当归生姜羊肉汤主之；并治腹中寒疝，虚劳不足。”

用料：羊肉 250 克，当归 10 克，生姜 5 片，党参 15 克（选用），枸杞 10 克。

做法：羊肉洗净切块，焯水去腥。将羊肉、生姜、当归、党参、枸杞放入砂锅，加入适量清水，开大火煮沸后转小火，炖 2 小时至汤色浓白，出锅前加适量盐调味。

（二）生姜与日常生活

1. 姜为“和之美者”

姜在很早的时候已经被用于饮食和医药中。姜之所以被用于这两个方面，在于它本性中“和”的精神，这也是姜养生的核心所在。

在中国古代，姜一般有两种用途：其一，食用，调和菜肴的味道；其二，药用，治疗湿寒之病症。人们吃肉饮酒时，一定要伴随着吃一些姜，或者烹调时直接把姜加入菜肴中，去除食物中的腥味，以达到调和味道的功用。虽然从现存先秦文献

• 姜膳

看，当时还没有用姜为药，只是把姜作为一种菜。但通过时人对姜的作用的描述来看，姜确实已经发挥着药的作用。比如，人之所以吃肉饮酒时食姜，就是因为姜可以祛除肉酒中的腥湿之气，使人不得病。从养生学角度来说，姜的食药效用可以归结为有利于人的身体健康。

先秦时期，有两种吃姜的方法：

其一，单独食用。当时吃姜的方法不会太复杂。按孔子“不撤姜食”之“撤”来看，孔子是把姜和其他食物分开来吃的，即单独把姜盛放在一个器物里。单独盛放的话，就不外乎把姜切成块、片、条、末等。如果复杂一些的话，就是在姜上放一些盐、醋等佐料，或者与其他调料等拌在一起，其制作方法大概相当于今天的咸菜。

其二，烹调佐料。姜除了单独食用外，还是烹调的好佐料。先秦时期的人做肉菜时一般都要放姜。《礼记·内则》记载了周代的“八珍”之“渍”与“熬”的制作，详细说明了姜是如何做佐料的。

渍，取牛肉，必新杀者，薄切之，必绝其理，湛诸美酒，期朝而食之，以醢若醯、醷。为熬，捶之，去其皽，编萑，布牛肉焉，屑桂与姜，以洒诸上而盐之，干而食之。施羊亦如之，施麋，施鹿，施麕，皆如牛羊。欲濡肉，则释而煎之以醢。欲干肉，则捶而食之。

因“渍”和“熬”在取料上有些相近，故《礼记》把二者放在一起论之。二者皆是取新宰杀的牛肉，以逆肉之纹理横切成薄片。切好以后，“渍”是直接把肉片放进美酒里浸泡一天，第二天早上加上肉酱或醋和梅浆调和滋味。“熬”的步骤更复杂一些。先把切好的肉片捶打一下，去掉表面薄膜（使之变软）。下一步，把牛肉放在芦苇编成的席子上，撒上姜末、桂皮末和盐，然后把肉用席子包起，风干，即可食用。若想吃湿软之肉，则把风干之肉取出，加酱，用火煎煮。如果想吃干肉，捶捣一下就可以直接吃。

由上可知，姜在“熬”中是以屑的形式出现的。屑，就是碎末。煎好的牛肉片在打包风干之前需加姜桂末，用其辛辣味调和味道。肉都有一种腥膻之气，对人的肠胃不好，用姜之辛辣与之中和，就能把肉做成既好吃又利于身体健康的美食。把姜切成末，目的是让姜与肉更充分地接触。之所以这时加姜末，不让姜见火，是因为生姜辛辣之味不易挥发，能长时间地渗透在牛肉中。

姜最可爱之处，在于它有“和”的精神。孔子“不撤姜食”的一个重要原因——看到了姜所含有的“和”的精神。《吕氏春秋·本味》称赞姜为“和之美者”，就是说，姜的主要作用是调和食物。很多食物加入了姜，就可以变得性和而味美。

姜之“和”性使其成为一味重要的烹调材料。烹调的最终目地是达到菜肴之“和”的境界。章太炎曾说“割烹者斟酌百物以为和味”。“烹调”之“和”就是使菜肴不要一味过重，使各种味道“中和”，“有味者使之出，无味者使之入”。今人盛赞佳肴“五味俱全”，也是同样道理。有些学者认为，“烹”和“调”之中，“调”又是达到“和”的关键。

对于“调”的作用，烹饪文化与教育专家王子辉有一段精彩的描述：“同‘烹’相较，最具中华民族特色，且最引人瞩目的是‘调’。所谓‘调’是指在饮食活动和烹饪全过程的操作内容、程序和方法。或者说‘调’是‘和’的主要手段，通过‘调’的方法达到‘和’的目的。”[①] 姜本身的“和”性与“调”之最终目的是一致的，因此，姜成了“调”味君子。

姜所体现的“和”之精神，与孔子一生的追求有内在的统一性。孔子践行“仁”的最终目的也可以归结为一个“和”字。子路曾问孔子的志向，孔子说“老者安之，朋友信之，少者怀之”。孔子的志向正说明了仁道之目的是达到人与人之间的和谐相处。孔子提倡的“礼”之目的也是达到“和”之结果，即“礼之用，和为贵”。姜在食物中的角色，就相当于“仁”“礼”在人与人之间的角色了。从某种程度上说，姜身上体现了孔子的“和”之精神。

《春秋左传》有言：“宰夫和之，齐之以味，济其不及，以泄

① 王子辉：《周易与饮食文化》，西安：陕西人民出版社，2003 年，第 86 页。

其过。君子食之，以平其心。”饮食之高境界便是能够“和之”以“平其心”。从孔子提倡吃姜来看，其饮食思想可以归结为“食之用，和为贵”。孔子之道“一以贯之”，了然可见。

“和”的精神是中国文化中的一个主要旋律，可以说成了一种民族性格。中和之大美，身心之统一，人与自然之和谐等，是中国先贤对“和”的很好诠释，同时也是对“和”的深切呼唤。姜本性之“和”与先贤之呼唤相契合，也由此使姜在中国养生食物中占据了一席之地。

2. 食姜美味

（1）姜丝排叉

姜丝排叉，又叫姜汁排叉、姜酥排叉、蜜排叉。它不但是北京传统小吃，还是北京茶菜的一个品种。茶菜是满族、回族的礼仪性食品。满族人在设席宴客时，习惯以茶及茶食为先，然后才会上冷荤、热菜、甜食、汤等。回族人不饮酒，但出于礼节，多以茶代酒，因而茶菜是必不可少的。“南来顺”的姜丝排叉于1997年被评为“北京名小吃”和“中华名小吃”。

鲜姜去皮剁成细丝，在面粉中加入一定比例的姜汁，和成面团。将面团压成薄片，然后在薄片上撒上细淀粉，叠起合成，用刀切成宽2厘米、长5厘米的排叉条，将两小片叠到一起，中间顺切三刀，散开成单片套翻在一起，用温油炸。将炸好的排叉过蜜。过蜜的方法是用水把姜丝熬熟后捞出，放入白糖，开锅后放饴糖、桂花，继续熬煮后移小火上，将炸好的排叉放入姜汁桂花饴糖中过蜜。过蜜后的排叉呈浅黄色，有酥、甜、香的特点，食用时有姜味。还有一种带咸味的排叉，原料为面粉、盐，也用油炸，做法基本与甜的姜丝排叉一样，不同的是它不过蜜，有酥、脆、味微咸的特点，爱喝酒的人常以咸排叉当下酒菜食用。

（2）佛手姜

姜，“其初生者，以醋或酱渍之，味至美”。佛手姜，既鲜且嫩，具有鲜、甜、嫩、脆、辣等特点，冬天吃了，可以抗寒，因而成为冬季走俏的商品，也是馈赠亲友的好礼品。

民国时期，江苏姜堰溱潼镇的过宏昌、储德昌、陈鼎元等酱园制作的佛手姜享誉大江南北。制作佛手姜的姜，要采用霜降之前产的嫩姜，撷取上面指头拐儿大的朵儿，去皮洗净，腌10多天，用刀打划，成佛手形，下锅煮过后，用冷水泡2天，捞起来爽干，装入袋中，浸入甜酱缸，过一些天便成绛色，取出来拌进食糖，就成红姜。这种红姜保质期较长，但口感不及白姜（蜜饯姜）。白姜的制法，除了不放在甜酱缸里渍而用糖渍，其余方法与红姜大体相同。

（3）五味姜

五味姜以潮州庵埠产者最佳。1930年，该镇林振合“轮船”牌五味姜获新加坡及泰国两国政府批准注册商标进口物，现载入《中国工业产品辞典》。

将鲜生姜洗净去皮，用清水冲一下，然后一层生姜一层盐放入缸中。50千克去皮的生姜大约放盐15～17.5千克，再灌凉开水，盐遇水后会朝下层浸透，因此，放盐时下面少放一些，上面多放一些。浸泡15天左右后，将盐水姜坯捞起来晒至八成干，用小圆木槌稍槌一下，然后拌料制作。白糖和柠檬酸要用开水冲化，而且必须分别放，以防起化学反应。拌料时，将腌姜坯、柠檬酸、甘草水等混合在一起，拌2～3遍，放入缸中。

第二天翻动一次，第三天晒或烤至八成干，筛去渣屑即为成品。

五味姜以青梅、南姜、白糖配以甘草、五香末研磨成湿粉，用模具印成圆状或火柴盒状的薄片，蒸熟，盒装或袋装。五味姜，顾名思义，有酸、甘、香、甜、辣五味，能健脾胃、助消化，爽口生津，增加食欲。

现在很少有人知道五味姜，但以前无论是“帆船时代”还是“轮船时代”，人们要前往东南亚等国都得乘船，坐帆船要一个多月，坐轮船要十天半个月，人在船舱里需要一种解决晕船、帮助消化、增进食欲、减轻烦闷的食物，五味姜就应运而生。清乾隆五十五年（1790 年），潮安（时称海阳）庵埠几家作坊用古老陈旧的石臼、石碾、石磨，脚踩手搓，做出了第一批五味姜产品。其呈浅赤色，长方形薄片状，组织松软，五味调和，清香适口，包于竹叶内出售。男女老少咸宜，不但能适应远航食用，而且经常含食能健脾益胃。庵埠在明代曾为潮州海防同知（官正五品，大于海阳知县的正七品）驻地，清康熙二十四年（1685 年），清政府设粤海关第三总口于寨内水吼桥（今万和路 1 号），下辖汕头、潮阳、海门、达濠、澄海、府馆（潮州城内）、东陇、樟林、黄冈等 16 个税口。清雍正八年（1730 年）设置关防，后称“潮海关”。清咸丰十年（1860 年）才迁至汕头妈屿。由于庵埠历史上长期是粤东重镇、海关所在，商业发达，所以对五味姜的生产销售起到了重要的推动作用。

从清光绪二十年（1894 年）开始，五味姜便风行于泰国、新加坡、马来西亚一带，侨胞们不但在航行中食用，而且在侨居地把其作为适应当地水土的重要食品，所以销售量日增。1932—1938 年，是华侨大批出国的时期，也是五味姜生产发展最快的年代，制造商由林振合一家发展至十余家。此后五味姜一直为出口的传统产品，连续不断，至今已达百年。由于实行机械化和半机械化生产，出口量大幅度提高。包装也由蜡纸包装发展到尼龙袋一百片包装，1982 年后又改为一百片袋装、十二片彩标袋装和三十片盒装三种规格。林振合号在 1956 年公私合营后转为国营的潮安凉果厂，由于重视质量管理和保持风味，该厂产品不但畅销东盟各国，还供应中国内地 20 多个省（自治区、直辖市）。

惠来的五味姜品牌名称为“意香斋”，原来位于惠来县惠城镇龟仔街，在清末民初久负盛名。由于时代的变化，原来的生产模式早已不能适应现代生活的需求，“意香斋”五味姜日渐消亡，但五味姜留给民众的记忆难以泯灭。惠来县潮宜轩食品加工专业合作社成立后，以重新开发当地优质的传统产品为己任，于 2008 年成功注册了“意香斋”商标，并开始着手对五味姜进行研发，新一代的五味姜现已上市。

（4）姜糖

姜糖最早发源于南方，湘西凤凰特产，是用生姜提炼姜汁和红糖混合制成的。传统姜糖的做法：把白糖熬成糖稀，加入切碎的姜末再煮一段时间，把糖稀倒在石板上等待冷却；当糖稀凝固成半流质半固体的时候，再把一大团糖稀放在一个大铁钩上拉扯，等姜糖完全变硬，再也拉扯不动的时候，重新放在石板上，用剪刀剪成小块状即大功告成。

（5）蓬溪姜糕

此糕点是四川蓬溪县的传统糕点类特产。其创始于清代同治年间，以糯米、蜜糖、麻油、姜汁四物合制而成。姜糕曾作

为贡品进贡，慈禧太后品尝后评其为“玉糕”，曰：“有油不腻，有糖不伤，洁如脂玉，软似秋云。”

在以前的蓬溪县接官厅蓬莱书院，县中名人雅士招待贵宾的茶点也是蓬溪姜糕。蓬溪县各界人士去外地馈赠亲友的珍品更是蓬溪姜糕。邻近的遂宁、南充、三台、乐至、武胜、潼南、西充、盐亭、南部、合川、安岳等地人士争购享用的名点，还是蓬溪姜糕。曾有许多历史名人对其赞誉有加。比如，四川代总督赵尔丰，于清光绪十三年（1887 年）来蓬，盛赞蓬溪姜糕为“人神共喜之品”；晚清名臣丁宝桢，于光绪十年（1884 年）来蓬，盛赞蓬溪姜糕为“糕中四物汤”；第一、第二届全国人大代表卢子鹤于 20 世纪 50 年代赞“蓬溪姜糕”为“糕中皇后”。

蓬溪姜糕由清朝道光、同治年间技师江正品研制。其精心选料、精工制作，力求做出“色形悦于目，芳香爽于鼻，佳味适于口，质地益于胃，服用健于身”“五韵并重，健康营养”的姜制糕点。“姜以作导，蜜嘉其味，油润其燥，糯固其体。”蓬溪姜糕，在此后百余年的传承、创新、发展中，始终以其优质的选料、独特的工艺、精美的制作、康养的功能而饮誉巴蜀，畅销全国，既能入庙堂高阁，又能进寻常巷陌，成为人们迎宾待客、馈赠亲友之佳肴名点。后来，由于种种原因，该名品逐渐没落。遂宁市江正品蓬溪姜糕有限公司创立“江正品”牌蓬溪姜糕，高举品质大旗，用料务求精，用工务求细，传承蓬溪姜糕的品牌价值。江正品在制作工艺上严苛把关——力净四物浊色秽质，务使糕色素洁如雪；力求精工研磨糕粉，务使糕质细软如绵；力争制糕四物水分降低，务使糕体不僵不腐；力主四物配料得当，确保糕点正味归宗——最终制成色、香、味、形、质“五韵”齐备的蓬溪姜糕。

（6）姜盐茶

姜盐茶全称芝麻豆子姜盐茶，又叫“仰罐茶”，起源于湖南湘阴一带。若论它的起源，曹进在《湘阴茶略考》（载于《茶的历史与文化》）中说：“湘阴的民俗学家及民众一致认为，姜盐豆子茶系岳飞所创，故又名岳飞茶。”而实际上，姜盐茶的起源比这还要久远。唐代薛能《茶诗》有言：“盐损添常戒，姜宜著更夸。”宋代苏轼《和蒋夔寄茶》也说：“老妻稚子不知爱，一半已入姜盐煎。”苏轼之弟苏辙在《和子瞻煎茶》中说：“北方俚人茗饮无不有，盐酪椒姜夸满口。”但岳飞所制的姜盐茶除了姜盐“基调”，还添加了黄豆、芝麻等食物，从此姜盐茶的配方就定型并流传下来。

和一般的茶相比，姜盐茶多了姜、盐、芝麻、青豆或花生仁。姜盐茶的茶叶宜用绿茶，冲泡时水温以 70℃～80℃为佳，生姜要选用鲜嫩新姜，食盐则以平日口感为度。

将清水注入瓦罐，在柴火灶上烧开，把黄豆或芝麻放在铁皮小铲上炒熟。将老姜在钵中磨成姜渣与姜汁，方可泡茶。泡茶时，先将茶叶放进瓦罐里泡开，然后将盐、姜渣、姜汁倒入瓦罐内，混匀，倒入茶杯，抓上一把炒熟的黄豆或芝麻撒在杯子里，即可饮用。

喝姜盐茶一般从秋天开始，可一直喝到来年春末。冬天喝的人最多，夏天除了极个别偏嗜这口的，基本没有人喝了。在喝姜盐茶的季节，有客来访，主人奉之以此物，是为待上宾之礼。姜盐茶有熬煮和冲调两种做法，现在喝的多以冲调为主。冲调的姜盐茶，首先在杯中放入茶叶——茶叶须用陈年茶叶，新茶味道反不如陈茶。然后用姜——姜要用老姜——在特制的姜擂钵中揉擦成泥，再用烧滚的开水反复冲调，直至姜泥、茶叶、细盐充分泡发，姜辣、茶香、盐咸三味融为一体，最后加入芝麻、豆子——芝麻、豆子都要炒熟的，豆子可以用绿豆、黄豆、赤小豆、川豆等。加入不同的豆子，风味也不同，甚至还可以加入炒熟的花生米。

姜盐茶是个妙物。饿了，喝上一杯可以充饥；饱了，喝上一杯可以消食；神思困乏的时候，喝上一杯可以提神醒脑；心情郁郁的时候，喝上一杯可以舒心通窍。

历史上，茶从中国传到国外后，沸水冲泡的饮茶方式，大大减轻了人们患胃肠疾病的不适症状，提高了生产效率。姜入茶中，能降低不良水质引发的地区肠胃病的发病率，使越来越多的人从中受益。

生姜药食同源

“药食同源”即“医食同源，药食同根”。如今随着生活水平的提高，人们对健康的关注度也越来越高。要吃饱，更要吃好。从食用角度而言，生姜根茎是一种很重要的香辛料，受到广大消费者的喜爱；从药用角度而言，生姜性微温，可在散风寒、抗氧化、抗菌等多个方面发挥作用。生姜因其独特性质，被誉为药食同源的典范。中华人民共和国卫生健康委员会、国家市场监督管理总局发布的《按照传统既是食品又是中药材物质目录》，将包括生姜在内的百种传统药食同源物质收录其中。

（一）食用生姜的规模与市场

在中国烹饪中，生姜常常作为调味品被使用，以增加菜肴的特殊风味，如炖菜时生姜的辛辣风味能够在一定程度上去除肉类的腥味。而在欧洲国家，生姜则用于制作饼干、面包等食物。

由于生姜对生长环境的要求不是很高，所以在中国种植比较广泛。在生姜的收获旺季，会有大量生姜涌入市场。鲜姜、嫩姜不易保存，可能会干缩或腐败，从而影响生姜的销售和出口；在生姜的丰产年，可能会出现生姜价格过低、丰产不增收的“伤农”情况。所以将生姜加工制成易保存的产品，对于一些销售渠道不够广泛的地区来说，既能减少生姜销售过程中的浪费，又可以稳定生姜市场，实现既丰产又增收的良好局面。

目前就中国而言，生姜无论是在日常菜肴还是在中药方中的运用都是极为广泛的，在红糖姜茶一类的即食产品中亦有应用，但在药食同源价值利用方面仍存在空缺。医学古籍及现代研究结果表明，生姜全株都有一定的药用价值，如姜叶有治疗食欲不振等药效且风味独特。但现如今，国内市面上关于生姜的产品，无论是即食产品还是腌制食品，大多是对生姜根茎的利用，而少有以姜叶为原料进行加工的。姜叶加工多使用新鲜叶，而鲜叶不易保存，大部分生姜仅取根茎利用，因此，造成生姜资源的浪费和利用率不高。近些年，已有学者关注姜叶的药食同源价值，并进行了相关研究，如已有学者对生姜叶制成饮料的营养价值与具体制作方法有所论述。现在市面上几乎没有此类饮料出现，若对此产品进行开发生产，既能减少资源浪费，又能使生姜的药食同源价值得到更充分的利用。

在我国统计中药材出口时，生姜不在其列，因为我国出口把生姜列入蔬菜调料类，这也是多数国家对姜的主要用法。不同国家和地区食用生姜的方式也不同。欧美国家的人食用姜，有直接生嚼的，有榨汁和红茶一起喝（姜红茶）的，还有制成姜粉加入面包或咖啡中的。日本人则是吃生的海鲜时蘸姜汁、姜末，他们的汉方药中也常使用姜。

（二）姜在日常生活中的应用

姜按采收部位、干燥程度、加工方法的不同，大致分为嫩姜、生姜、干姜三类。嫩姜为姜的嫩芽，主要用作蔬菜，又称子姜、紫姜、茈姜、姜芽；生姜为姜的新鲜根茎，烹饪、入药皆用之；干姜为姜根茎的干燥品，药用为主，可进一步加工为姜炭、炮姜。

现在市场上已有的生姜制品有调味姜汁、姜罐头、姜汁啤酒、腌姜芽、咖喱粉等，多数仅作为调味品使用。但随着人们对于自身身体健康的关注度提高，众多具有保健作用的产品也逐渐进入大众的视野，这类产品多是以有药食同源价值的中药材为原料，制成即食食物和保健食品。而生姜作为一种常见的药用植物，价格适中，适用范围广，在生活中十分常用，平时也可作为保健品使用。

姜作为菜肴食用在中国历史悠远，如宋代《浦江吴氏中馈录》中的“糟姜方”，用姜、糟以盐腌制而成；清代《调鼎集》记载了近20种姜的食用菜谱，如“糖姜丝”“五辣姜”等。《红楼梦》第三十八回中有“持螯更喜桂阴凉，泼醋擂姜兴欲狂”“酒未敌腥还用菊，性防积冷定须姜”等生动描述。

1. 女士专用姜茶搭配

姜为阳之物，经常适量吃对身体好，尤其现在的年轻人爱吃冷饮、爱吹空调，体内难免有一些湿寒之气，除寒祛湿是我们必须注意和解决的问题。

（1）姜枣茶

姜丝3克，红枣5克，枸杞2克，红糖一块，开水反复冲泡。

（2）菊花桂圆姜茶

菊花一朵，桂圆5颗，姜丝3克，红枣5克，枸杞2克，红糖一块，开水反复冲泡。

（3）洛神花姜枣茶

洛神花2朵，墨红玫瑰1朵，姜丝3克，红枣5克，枸杞2克，红糖一块，开水反复冲泡。

（4）玫瑰茉莉花姜枣茶

平阴玫瑰3朵，茉莉花2克，陈皮一瓣，姜丝3克，红枣5

克，枸杞 2 克，红糖一块，开水反复冲泡。

（5）黄芪牛蒡姜枣茶

黄芪 5 克，牛蒡 5 克，党参 5 克，姜丝 3 克，红枣 5 克，枸杞 2 克，红糖一块，开水反复冲泡。

（6）当归山楂姜枣茶

当归 5 克，黄芪 5 克，山楂 3 片，姜丝 3 克，红枣 5 克，枸杞 2 克，红糖一块，开水反复冲泡。

2. 男女通用 7 款姜茶搭配

（1）红枣生姜红糖茶

生姜切片，与红枣、红糖一同煮水代茶饮。

（2）红枣生姜蜂蜜茶

生姜与红枣煮水后，待水温稍降，调入蜂蜜饮用。

（3）红枣生姜陈皮茶

将生姜、红枣、陈皮混合，加入沸水泡制，冷却后饮用。

（4）红枣生姜花椒茶

生姜、红枣与花椒一同煮水代茶饮。

（5）红枣生姜罗汉果茯苓茶

将红枣、生姜、罗汉果、茯苓加入沸水中，慢煮 10 分钟，冷却后饮用。

（6）红枣生姜玫瑰红糖茶

生姜、红枣、玫瑰花与红糖同煮，冷却后饮用。

（7）红枣生姜菊花枸杞茶

将红枣、生姜、菊花、枸杞放入杯中，加入沸水冲泡饮用。

3. 姜类饮品

姜枣桂三冬暖：使用小黄姜捣碾萃汁，搭配红枣泥、龙眼、燕麦奶，甜中带辣，口感饱满，入口温暖感十足。

吉祥三椰姜汁：用椰乳和姜汁混合，再加上椰豆腐、椰珍珠等小料，温热辛辣，嚼感丰富。

很多品牌已推出姜类饮品多年，并且卖得还不错。早在 2016 年，养生品牌椿风就在门店上新过姜类饮品，并且连续 6

年都在冬日升级回归；近两年流行的“姨妈热饮”产品，也大多使用了姜。

有人觉得，消费者对姜的口感接受度不高，姜类产品搭配受限，是一种小众原料，所以很多研发者对姜在茶饮中的应用持观望态度。但也有茶饮人认为，姜风味特别，又符合养生趋势，值得尝试。带有养生属性的材料将爆发出更大的潜力，生姜、枸杞等以往小众养生原料，在功能和营销上都将迎来一个释放优势的“时机”。同时，经过餐饮行业长时间的积淀，姜类制品的选择十分成熟、丰富，其购买、运输方面已较为稳定，堪称“供应链友好”。这也为生姜饮品的研发、上新提供了坚实的后盾。

一杯好喝的姜类饮品，核心要解决两个问题：一是要在多大程度上保留姜的辛辣感；二是如何突破消费者固有认知，打破小众属性。姜本身具有的强烈养生属性，赋予了其在市场上脱颖而出的潜力。比如，有网友研究出“特饮退烧套餐”，姜汤促排汗，电解质水补水。以小黄姜奶茶闻名的注春，就对原有的产品做了套餐重组，用暖心姜奶和维 C 蜂蜜沁柠檬搭配，组成了一个“维 C 暖心套餐”，迎合消费者的需求。“生姜热可乐”“姜汁桂圆红枣”让女士在特殊时期也能体验到奶茶带来的快乐。“温暖”“驱寒”的特质，也让生姜成为“姨妈专属”食材。特殊时期，也是消费者情绪需求爆发的阶段，品牌只有保持对特殊需求的敏感度，才能跟上趋势，不断创造惊喜。

从口感、嗅觉出发，生姜也具备独特优势。口感上，生姜的辛辣感与酸味的适配度很高。咖门第四届新饮力新茶饮大赛上，不少选手用柠檬、小青柑等酸度高的水果搭配生姜，在降低辛辣感的同时，还能提升饮品的风味。此外，还可以利用姜的气味圈住特殊香气爱好者，并加以变通，柔化特殊香气，吸引更多的顾客。

品牌用提供多种选择的方式，保证了大众对姜类饮品的接受度。比如，百分茶推出的上新姜枣桂三冬暖，在点单页面为消费者提供“有姜”和“无姜”两种选择，以此保证了顾客对新品的接受度；果呀呀上新的“吉祥三椰”，也设置了“免费加姜汁”的选项。这确实是一种让消费者毫无心理负担的推新方式，品牌还可以在这个基础上拓宽思路，为消费者提供更多选项。比如，根据顾客要求控制姜汁的比例，或者提供“有辣”和“无辣”的选项。

第二节 药铺里的生姜

生姜入药，历史久远。经过长期的医疗实践，中国人认识到姜具有发汗解表、散寒、去湿、化痰、温中的功效，是治疗风寒、感冒、呕吐、喘咳、腹胀、泄泻等病症的良药，并且还能解除半夏等药物之副作用及不洁的鱼蟹食物之毒。

医典古籍记载姜方

生姜这味药主要用来发散风寒和降逆止呕，所以我们常说生姜既是发散风寒之妙药，更是呕家圣药。生姜入药始载于《名医别录》，临床应用非常广泛。

1. 古籍对姜药用价值的记载

中医典籍对生姜的药用价值多有记载，如《千金要方》中以姜、大黄等药材制作伤寒膏来治疗“头痛项强”，《肘后备急方》中以生姜、乌头等和酒来治疗“久患常痛，不能饮食”。

中国人用姜防治日常疾病的经验极为丰富。明代地理学家、探险家徐霞客（1587—1641）在一次旅游途中感染风寒，自用姜汤治愈。此事曾被记于他的游记之中：“初四日……是晚，予病寒未痊；初五日，早，令顾仆炊姜汤一大碗，重被袭衣覆之；汗大注，久之乃起，觉开爽矣。”鲁迅也曾多次采用姜汁医治自己的胃痛、腹痛获效，在其《鲁迅日记》中可见：1912 年 11 月 10 日，“饮姜汁以治胃痛，竟小愈”。同月 23 日，“下午腹痛，造姜汁饮服之”。

用姜治病，内服与外敷，常有殊途同归之妙。

姜的临床药用价值，历代文献均有不少记述。东汉中药名著《神农本草经》里载明姜有“温中止血，出汗，逐风湿痹”等功用，能治疗胸闷咳逆、湿痹、腹痛、腹泻等疾患，久服去臭气。晋代葛洪在《肘后备急方》中写道，内服姜汤，可医治霍乱腹胀而欲吐却吐不出、欲泻又泻不下的患者。明代医学家李梴在《医学入门》中强调：“姜，产后必用者，以其能破血逐瘀也。”中国民间历来有采用炒姜末加红糖煮汤，让产妇饮服以调理产后身体的做法，此为其主要用意之一。

生姜和干姜的功效差异是建立在一定化学物质基础上的。从现代药理研究角度来看，生姜在止呕、解热、解毒这三个方面的药效要强于干姜，这可能是由于生姜挥发油的含量高于干姜，生姜挥发油的多少会影响其发汗解热的功能。实验研究发现，由同一产地生姜自制的不同样品中，除去水分后，含油量以生姜中最高，干姜、炮姜和姜炭的挥发油含量没有明显差异。鲜姜精油色泽透明，辛香，有柠檬味，略带鲜花香气，而干姜精油色泽浑浊，辛香，不具有鲜姜所特有的鲜花香气，这些鲜花香气也可能是生姜偏于解表、走上焦的原因。

生姜的止呕作用强于干姜，这可能与姜酚的含量有关。生姜辣味成分姜烯酚和姜酚有抑制呕吐中枢的作用，并在体外实验中得到验证，而姜酚类具有化学不稳定性，6–姜酚在生姜中的含量最高，炮制成干姜、炮姜后含量逐渐下降。研究结果显示，生姜中总姜酚含量大于干姜。

《医宗金鉴》一书中曾说："名生姜泻心汤者，其义重在散水气之痞也。生姜、半夏散胁下之水气。"《伤寒论》中如桂枝去桂加茯苓白术汤、小柴胡汤等方中的生姜，与其他药合用而有开胃气、散水气的作用。

2. 各类姜的药用价值差异研究

汉末将生姜、干姜的功效分别进行了总结，生姜用于治疗呕吐、呃逆及各种外感病，干姜用于治疗各种寒冷腹痛，中恶、霍乱等内科疾病。唐至明初，生姜解毒、温中的功效得到充分应用。干姜逐风湿痹、肠澼下痢、止血、治疗咳逆下气等功效被总结补充。明清时期，生姜的功效得到扩展，生姜可以用于治疗多种外感、内伤杂病。总结来看，生姜、干姜都具有温中、止呕、止嗽之功，但生姜的发散之功优于干姜，偏于走表，在解表、止呕、辟恶气、和营卫等方面疗效较好；干姜的收敛之功优于生姜，在温中止痛、回阳救逆和祛除湿痹方面效果较好。[①]

干姜具有温中散寒、回阳通脉、温肺化饮等功效。在历代本草中，有关干姜的炮制方法记载较多，其中，干姜火炮、制炭沿用至今并广泛使用。现代生姜炮制成品为干姜、炮姜及姜

① 王欢欢、郭琴、彭高强等：《基于古籍的生姜和干姜来源、功效及用法研究》，《长春中医药大学学报》，2022年第1期，第17–21页。

炭，这些在临床上的应用各不相同。《神农本草经》首载干姜，列为中品，距今2000多年。此后的历代医药书籍中，许多都有关于干姜炮制方法的记载，有净制、切制、火炮、药汁制、盐制、巴豆制、煨制、土炒制、硇砂制、酒炙等不同的炮制方法和要求。

干姜炮制规定：除去杂质，略泡，洗净，润透，切厚片或块，干燥。本品呈不规则片块状，厚0.2～0.4厘米。姜炭炮制规定：取干姜块，置热锅内，用武火炒至表面焦黑色、内部焦褐色或至规定程度时，喷淋清水少许，熄灭火星，取出，晾干。煅炭取待炮炙品，置煅锅内，密封，加热至所需程度，放凉，取出。制炭时应“存性”，并防止灰化，更要避免复燃。炮姜炮制规定：取干姜，砂炒，取洁净河砂置炒制容器内，用武火加热至滑利状态时，投入待炮炙品，不断翻动，砂烫至鼓起，表面棕褐色，取出，筛去河砂，放凉。

目前，我国已有31个省市的炮制规范，其中，有不加辅料的火炮法，也有加不同辅料的炮制方法。在加辅料的炮制方法中用到了甘草汁、巴豆、黄泥、灶心土、硇砂、酒等。在对干姜的净制方法考证中发现，《圣济总录》有“刮净”，《全生指迷方》有“去皮”，《本草纲目》有“水淹三日，去皮，置流水中六日，更刮去皮，然后晒干”，多种本草著作中均提及去皮，然而现代干姜净制对是否要求去皮没有硬性要求。干姜炒炭最早记载于《太平圣惠方》“烧存性”，之后又有“炒令黑黄，捣为末”（《重修政和经史证类备用本草》），以及“煅存性”（《疮疡经验全书》）。由此可见，古代就有将干姜“炒炭存性”，“炒炭存性”是古人的一种要求和愿望，即把中药炒至表面炭化、黑化，而药材内部依旧保持药物原有性状。从现代研究的情况看，“炒炭存性”绝不是仅保存药物原有的性能，应该看成是药物在高热炒炭情况下中药成分发生化学变化，或有效成分不被破坏，或新的化学成分产生的一个总称。

药学专家王航宇等人研究了姜多种炮制品中 6– 姜酚的含量差异，得出 6– 姜酚的含量由高至低排列为炒黄 > 麸炒 > 干姜 > 砂炒 > 炒炭 > 闷煅。采用紫外 – 可见分光光度法对姜及其炮制品中姜酚类含量进行定量分析，结果发现姜酚的含量由高至低排列为姜炭 > 炮姜 > 干姜 > 生姜。由此推测姜炮制前后姜酚类成分含量变化会影响姜炮制品的药效。与干姜相比，姜炭中 6– 姜酚含量明显降低，而 6– 姜烯酚含量明显增高，同时，姜炭中产生了一些原来干姜中没有的成分。干姜最佳制备工艺：切片规格 0.3 厘米，干燥温度 55℃，干燥时间 18 小时。姜炭最佳炮制工艺：药材厚度 0.55 厘米，炮制温度 310℃，炮制时间 15.5 分钟。由此可见，姜及其炮制品在炮制过程中，切制的厚度及炮制的时间、温度等都会影响到其有效成分的含量。

《金匮要略》记载，姜经深加工炮制后作用不同，如姜炭可以止血；经过烘炮制取的炮姜，具有降低姜发散而稳固其归经的作用。这些加工工艺较为简单，如炮姜和姜炭仅仅是炮制过程中火候控制的区别，前者为文火，后者为武火，但姜的作用效果却明显不同。通过现代医学的研究及 HPLC 特征图谱分析得知，姜经过不同炮制工艺后，其所含化学成分如挥发油、姜辣素等发生了质的变化。

生姜中具有很多化学成分，主要包括挥发性油和姜辣素类。挥发性油是一些挥发性长链不饱和脂肪酸酯苷类物质，这些物质导致姜产生辛辣刺激性，从而起到解表发散作用。姜辣素类是一种成分较为复杂的化学统称，依据其脂肪链分支不同构建了不同成分，如姜酚、姜油酮、姜二醇等物质，这些化学物质由于作用的受体分布于不同的组织器官，姜作用于组织器官的差异，导致了姜归经的不同。如生姜中姜辣素含量较高，姜辣素的作用受体主要是胃，因此，姜辣素作用于胃而产生了止呕和健胃作用。而干姜由于采集时间与生姜不同，深冬霜前收集的姜经过干燥后，其姜辣素成分出现了差异性变化。

经过干晒炮制后，干姜中姜辣素显著低于生姜，因此，干姜在止呕作用上弱于生姜。干姜在温阳散寒、温暖肢体方面的效果显著优于生姜。干姜醇提物中黄酮类物质含量显著高于生姜。干姜和生姜的差异在于简单晒干后，药物成分浓缩性变化及药物挥发性损失。炮姜和姜炭的作用效果与生姜相比差异显著，关键在于生姜中化学成分种类的变化。《伤寒论》记载，干姜经过炮制，其性味发生了显著变化，干姜为辛味，而炮姜为苦味，炮姜是对干姜的文火清炒，炒至姜片表面微微起泡即可，利用加热有效挥发干姜表面的挥发油，从而减少干姜的化学成分种类，保障干姜的作用集中依赖于其非挥发性成分姜辣素等。

通过对生姜、干姜及炮姜中姜酮、姜醇、姜酚成分变化的分析，随着炮制温度的增加，姜醇及姜酮的含量不断下降，而姜酚含量不断上升。通过 HPLC 特征图谱检测得知，姜酚类化合物有 8 种，其中，6- 姜酚随着温度升高含量显著增加。在对干姜片进行武火处理后，6- 姜酚含量最高，而干姜处理为姜炭后，其温里升阳作用逐渐转变为止血作用。

通过对不同加工工艺姜中化学成分的对比分析，发现姜的归经不同，对脏腑作用也不同。姜经过不同加工工艺处理后，化学成分种类及含量发生变化，不同化学成分对不同组织器官的作用具有选择性，从而产生了归经的差异。

姜炭味苦性温，具有温经止血的作用。制法是将干姜置于锅内，先用文火炒至充分受热后，再改用武火，不断翻炒至药物外部焦黑、内部焦黄为度，起锅后迅速移至瓦缸内密闭15～20分钟，再取出放凉即可。火候的控制是保证姜炭炮制质量的关键。炒炭药一般要武火，但由于火力太大，容易使药物皮焦内生或完全炭化。因此，应先用文火至药物充分受热后，再改用武火，这样可以使炒炭的药物炮制程度均匀，并能达到“存性”的目的。

生姜用于外感风寒表证及风寒束肺的咳嗽。配伍不同药物，治疗多种呕吐，与半夏配伍治疗胃寒呕吐，与竹茹、黄连配伍治疗热证呕吐。还可解半夏、天南星及鱼蟹中毒。经常服食生姜，可以宣通络脉，使气血调和顺畅。生姜中的姜辣素对人体的心血管系统有一定的刺激作用，可以扩张血管，令心跳和血液循环加速，让血液充分到达皮肤，使人容光焕发。姜辣素对味觉神经的刺激作用，可以加强人的食欲和胃肠的消化吸收功能。

生姜走而不守，由于其具芳香成分，辛香升散，故可作为佐餐调味料，亦可直接食用。生姜发散游走之性重，善解表散寒，故为解表药。而干姜干久，体质收束，气则走泄，味则含蓄，比生姜辛热过之，所以不可直接食用。干姜虽具生姜之走窜之性，但其热性较大，兼顾守性，故以温里为主，是中药中的温里药。

炮姜治疗脾胃虚寒，腹痛吐泻，吐衄崩漏，阳虚失血，多用于虚寒性出血，如吐血、便血、崩漏等，能温中止泻，治疗脾胃虚寒的腹痛泄泻。《得配本草》记载：“炮姜守而不走，燥脾胃之寒湿，除脐腹之寒痞，暖心气，温肝经，能去恶生新，使阳生阴长，故吐衄下血有阴无阳者宜之。”由于上述三姜的功效、主治不同，古代医家归纳其性能为生姜走而不守，干姜能走能守，炮姜守而不走。

含干姜方被广泛运用于中老年人群，舌脉为舌黯、脉沉细的患者。干姜配伍人参的理中汤温中健脾生胃气，联合具有祛湿、化痰、行气、清热等作用的方药运用于各系病证的治疗。干姜配伍附子的四逆汤振奋阳气，联合健脾益气的方药改善患者功能不足和功能衰微的状态。干姜配伍黄连的半夏泻心汤辛开苦降，联合柴胡类方药调和肝脾，恢复脾胃功能。干姜配伍细辛、五味子的射干麻黄汤温肺化饮，联合健脾化痰的方药肺脾同治，止咳化痰。含干姜方主要用于治疗脾胃系病证及症状，香砂理中汤和理中汤联合方组应用于各科病证。

对于饮食失调引起的腹痛难忍者，《肘后备急方》介绍在内服姜汤的同时，把姜捣成糊状外敷于腹部疼痛处，能提高治疗效果。该书还首载“隔姜灸”的方法：施行艾灸前，在穴位上放置1厘米厚的生姜片，然后隔着姜片施行艾灸，能同时获得艾疗与姜治的功效，对医治虚寒病证尤为合适。此外，用姜片外敷“太阳穴”，能缓解头痛、偏头痛；姜片敷“内关穴”，能预防晕车、晕船。

生姜入药的作用

生姜在中药里面属于温性的解表药，作用很多，如着凉了喝姜汤姜茶，可以驱寒。

生姜入药早已有之，经典医学著作《伤寒论》中所载经方用生姜者达 37 首之多。《名医别录》将生姜作为单独的一味药物列入，并详细记载了它的功效主治：归五脏，除风邪寒热，伤寒头痛鼻塞，咳逆上气，止呕吐，去痰下气。至此，生姜、干姜作为两种不同的药物已从药理上做了严格的区分。《神农本草经》将姜列为中品，《黄帝内经 · 灵枢》中有以酒渍干姜的记载，以后历代都对姜的炮制和应用有一定的发展。东汉《金匮要略》记载“炮”。唐《外台秘要》增加“炒”。宋《本草图经》记载：“秋采根，于长流水洗过，日晒为干姜。”该法与今天药用干姜的净、切制法基本相同。金元《药性赋》记载：“生则味辛，炮则味苦。可升可降，阳也。”明代缪希雍在《炮炙大法》中指出干姜的应用：“若治产后血虚发热及止血俱炒黑，温中炮用，散寒邪、理肺气、止呕生用。”宋《太平圣惠方》中所载干姜除“炮”外，又出一“炮炭”，即姜炭，故此多认为姜炭是从宋代开始用于临床的，但未见其炮制方法的记载。

在实际用药过程中，历代医家把生姜加工制成干姜、炮姜、煨姜、姜炭等入药使用，姜汁通常用作辅料。生姜的不同炮制饮片，来源于不同的需要，这反映了中医辨证论治的用药要求。一般认为，生姜具有发汗解表、止呕祛痰之功效，用于感冒风寒、腹痛吐泻、咳嗽咳痰；姜皮，辛、凉，利水消肿，多用于治疗皮肤水肿；姜汁则用作炮制辅料；干姜减少了原料辛辣走窜的刺激作用，有温中散寒、回阳救逆、燥湿消痰之功效；炮姜去发散之力，用于脾胃虚寒、腹痛吐泻；姜炭用于温经止血、阴虚失血；煨姜具有和中止呕之功效。

从姜及其炮制品的历史演变过程及其在临床中的应用可见，姜与其不同炮制品的药性、药效既有相似之处，又有较明显的差异，前人也一直有“生姜走而不守，干姜能走能守，炮姜守而不走”之说。不同的加工炮制方法使姜的药性、药理发生了根本的改变，临症时要辨证施治，充分发挥其加工炮制品种的各种特性，科学地应用于临床。

在炎热的天气吃一些生姜能起到兴奋、排汗、降温、提神的作用。对于有一般暑热表现，如头昏、心悸、胸闷、恶心等情况的，适当喝点姜汤是大有裨益的。

生姜能起到某些抗菌素的作用，尤其是抑制沙门氏菌效果较好。在炎热的天气，食品容易受到细菌的污染，而且细菌生长繁殖快，容易引起急性胃肠炎，适量吃些生姜可起到防治作用。

生姜在现今社会引起广泛关注的主要原因就是其“提高体温”的独特作用。大约 50 年以前，亚洲人的腋下平均体温为 36.8℃，现如今即使是体温较高的人也只有 36.2℃～ 36.3℃，大部分人的体温都在 35℃左右的低温状态。体温每下降 1℃，新陈代谢便相应下降约 12%，免疫力下降约 30%。

很多人做了胃镜检查后，会有干呕难受的感觉，这时嘴里含一片生姜片，就能缓解呕吐的不适感，这就是利用了生姜止呕的功效。生姜在中医药界有“呕家圣药”的说法，很多治疗呕吐的药方都少不了生姜。

被尊称为“医圣”的东汉医学家张仲景，擅用生姜同其他药物配成方剂，如著名的当归生姜羊肉汤，用于治疗产妇身体虚弱、腹中绵绵作痛效果颇好。从古至今，在加工有毒的或者大苦大寒的饮片时，人们经常会用生姜作为辅料，发挥生姜的解毒作用，缓和饮片的苦寒之性，免得伤及脾胃，这种加工方法叫“姜制”，如姜半夏、姜黄连、姜栀子、姜制白附子等。

现代中成药生产过程中，很多以生姜为原料或者在药材打粉后，用生姜汁或者生姜提取的挥发油与药粉混合做成药片、药丸，以缓和药物对胃的刺激和寒性，这就是利用了生姜的暖胃止呕、解毒等功效。比如，木香顺气丸、小柴胡颗粒、小建中合剂、四君子丸、六君子丸、人参养荣丸、二陈丸、无比山药丸、半夏天麻丸等，这些制药工艺，很多都是从张仲景的《伤寒杂病论》等本草经典中传承演变而来的，生姜在这里发挥了原料和类药引子的作用。

姜疗历史悠久

生姜祛病保健的方法由来已久。吃过生姜后，人会有身体发热的感觉，这是因为它能使血管扩张，血液循环加快，促使身上的毛孔张开，这样不仅能把多余的热带走，还把体内的病菌、寒气一同带出。所以当身体吃了寒凉之物、受了雨淋或在空调房间里待久后，吃生姜能及时排除寒气，消除因肌体寒重造成的各种不适。

姜疗疾历史悠久，而且在民间绵延至今，应用不衰。感冒是指感受风邪或流行病毒引起的外感病证，临床表现以鼻塞、流涕、喷嚏、头痛、恶寒、发热、全身不适等为主。四季皆可发病，以冬、春两季为多。生姜性温，宜于治风寒感冒。风寒感冒的起因通常是劳累过度，没休息好，再加上吹风或受凉，一般在秋冬季发生比较多。风寒感冒的症状为脑后部疼痛，连带脖子转动不灵活；畏寒怕风，通常要穿很多衣服或盖厚被子才会觉得舒服点；鼻涕是清涕，色白或稍黄，如果鼻塞不流涕，喝点热开水，就开始流清涕，这也属于风寒感冒；细心观察可以发现，患者舌苔少或薄白；脉浮紧，浮脉意即阳气在表，轻取即得。

治疗风寒感冒的关键就是出汗（中医称辛温解表）。发汗有很多方法，包括桑拿、泡脚（最好加点酒或加点盐）、盖上两层被子、喝姜糖水、喝姜粥、饮葱姜汤等。生姜是辛温食物，能发汗解表，理肺通气，治疗效果颇佳。

女子产后坐月子餐餐以姜醋佐膳，广东省内各地皆然。生姜或佐以猪脚、鸡蛋、猪肠加甜醋、盐糖煲，或切成姜茸佐鸡蛋糖醋蒸，皆取其药效，适宜产妇体质复原，也有利于喂养婴孩者。另外，广州人产后喜用姜片煲水洗头洗澡，甚至洗脸洗手。因为姜片可以驱寒，用姜煲水洗浴，可以防风湿和治疗偏头痛。

脚臭的人在热姜水中加入适量的盐和醋，浸泡双脚 15 分钟左右，脚臭便可减轻。头皮屑多的，先用生姜轻轻擦洗头发，再用热姜水清洗头发，可有效地防治头皮屑。

第七章 “非遗”五火姜膏

河源市龙川县客家文化历史悠久，早在先秦时期，便有赵佗南征并在佗城建政。在龙川县丰稔镇左拔村，村民骆秉富结合祖辈生活经验，用客家人的传统擂砵捣烂姜块取汁，治疗日常伤风感冒效果佳。人称“年姐婆”的骆家媳妇，用制作豆腐的纱布过滤姜汁，将其熬制成多种适合不同人群的姜膏。第二代传人骆水祥夫妇提升了姜膏制作技艺，使“骆氏姜膏”闻名乡里。第三代传人骆回结合中医古籍配方，在姜膏中加入更多地道草药，做成食品，传承古法，创新良方，丰富了姜膏的制作技艺。第四代传人骆其乐努力学习，攻读中医硕士研究生学位，继续将“骆氏姜膏”传承发扬至海外华侨圈，并通过互联网销售和自媒体传播渠道扩大龙川客家传统手工技艺的影响力。如今，源于骆氏家族的姜膏制作技艺已经扩散到家族之外，吸引了包括曾氏在内其他姓氏的年轻人纷纷前来学艺。

• 非物质文化遗产五火姜膏牌匾

• 骆氏姜膏制作技艺获龙川县县级非物质文化遗产

第一节 姜膏溯源仁良居

广东河源有一小乡村，当地有一“仁良居”，“仁良居”有一叶年姐。因叶年姐掌握关于姜的系列妙招，或能巧治病痛，或能强身健体，叶年姐也被乡亲们尊称为“年姐婆”。

•仁良居三代姜膏传承人

骆氏姜膏源于仁良居，“阿回秉祖医年姐弘仁允知德业祺乡梓；其乐承先辈水祥述志恰是橘泉福众生”。曾祖父骆秉富出生于龙川土涵围，后娶黄氏，生荣兴和荣良二子，从事农耕之外，还经营米、牛生意，对医治牛尤为擅长。牛是那个时代重要的农耕工具和生产资料，因此，骆氏的医术远近闻名。骆秉富将生意业务和医牛的技术传授给两个儿子。骆荣良长大后，娶邻村郎中千金叶年姐为妻，后与长兄荣兴分家，并于1933年在土涵围另置土地建设新家，取屋名“仁良居”，1935年生子骆水祥。荣良和年姐夫妻劳作的同时，仍凭借家传医术为乡亲看病疗伤。后因积劳成疾而早逝，留下孤儿寡母。

叶年姐依据家传技艺及不断好学参悟，在为乡邻治病疗伤的过程中积累了丰富的经验，擅长辨治肺寒胃寒、腹泻痢疾等脾胃肠病证，并于1939年始创了五火姜膏和药酒，先后配制出清热解毒、温中散寒、舒肝补肾的药茶方剂，为民解除疾苦。“仁良居”第二代骆水祥，受家庭医学环境熏陶，在就读大学中文专业的同时，自学针灸技术，1962年大学毕业后在从事教育工作之余，用针灸技术为乡亲治病。

“仁良居”第三代骆回，潜心钻研中医药，在继承家传医学的基础上，拜师学习，特别在江西五代传承的名中医谢国洪的指导下，刻苦学习，参悟中医学真谛，并总结升华。经过8年努力，其中医专著《中医探微》于2023年夏季在华龄出版社出版发行，得以形成系统的理论，中医三角疗法理论终于可以服务于社会。

“仁良居”第四代骆其乐，2020年夏，在天一针法创始人李荣刚教授和中医博士石精华医生的指引与辅导下，考取并就读于广州中医药大学，攻读中医学硕士学位，师从名老中医、博士生导师李万瑶教授，最终顺利获得硕士学位。

骆氏后代自小便记得家中的窖里藏有两样东西，一样是番薯，另一样是姜。在那个贫苦的年代里，番薯是主食，而姜虽是调料，但不可缺少。回忆往昔，好像家里每餐都少不了姜。夏日气候炎热，家里人终日种地劳作，容易口干、烦渴、咽痛、汗多，年姐婆便在做菜或做汤的时候放几片姜片，以做去腥之用。若是遇上湿冷天，在日常吃饭的时候，年姐婆会将小黄姜切丝，淋上酱油，有时在里头加上一些晒干的小虾米，或做调料，或直接就饭吃。

冬日的河源格外湿冷，雨多风大，人易感风寒，此时来一碗暖暖的姜汤再好不过。这也是骆家孩童又爱又恨的事了。有次深夜，一声声急促的敲门声催促着年妲婆从睡梦中醒来，前去开门才知，乡里一户人家小孩受凉发高烧，大队医务室离得远，实在无法前往。小孩家里人想起年妲婆这里有姜，有土方，便来求助。年妲婆二话没说，立即搭梯子下到窖中，取出一篮姜递给他。那人说，要不了那么多的。年妲婆说："用不完的可留下做种，明年你们家也种些姜，能吃，也能应急。"

年妲婆还常常将姜与药材等搭配使用，常常能于无声处起大作用。邻居家小儿，时不时便口齿生疮，又伴有牙龈肿痛，年妲婆便建议用姜配伍大黄。干姜大黄水，苦是苦，辣是辣，但喝了一段时间，小儿病症竟好了大半。一问才知，这样搭配温中散寒、清湿热、泻火凉血。身子虚弱之人服用，还有助于补阳气。一日，年妲婆去赶集，碰到相熟的妹子，便一路聊了去。才知，妹子近日有喜，怀孕了，然而或是孕期反应大，总会恶心，甚至有点厌食，但又不能不吃，反而心里更焦虑，时不时还失眠。年妲婆便给妹子推荐了生姜加竹茹。两药合用，和胃止呕，调中降逆。这一尝试，妹子不仅身体爽利，连带着心情也好了。

或是因着年妲婆总有些小妙招，乡邻之间便有了"头疼脑热找年妲，不用费事看郎中"的说法。说归说，倒是激起了年妲婆对姜的钻研之心。本着不能辜负乡亲们的厚望，年妲婆研究出些许心得来。这就是劳动人民智慧的体现。姜叶，味辛，温，无毒，可治疗外伤淤积；姜皮，味辛，凉，无毒，行水，消肿，可治水肿胀满；姜黄，味辛，温，无毒，破血，行气，可通经止痛；姜露，辟寒，解中霜雾毒，驱瘴，消食化痰。

对于姜的医理知识，年姐婆逐渐能够信手拈来。年姐婆说，经验归经验，但不能瞎撞墙，得有真才实学。姜是药食同源的重要代表，可不能随便瞎用。根据医书里得来的“本事”，加上对姜的了解，年姐婆才真正使姜实现了妙用。

不同形态的姜在中医里有不同的用处，如生姜、干姜、炮姜等。生姜味辛，性温，归脾、胃经，可解表散寒，温中健胃止呕，化痰止咳。干姜，味辛，性温，主胸满气逆，温中止血，逐风湿痹，肠澼下利。炮姜即干姜炒黑，姜的性能改变，可止痛、止血。民间生产后的妇人常服生化汤，其中就含有炮姜。干姜粉冲服，可以起到暖中的作用，一般冲服一次就可以了。

•围看《家传偏方大全》

同时，用热水泡泡脚，腹痛会很快得以缓解。姜皮性凉，若是受风寒，喝姜汤发汗，自然可去皮；若是平常做菜用姜，那就不必去皮，以免偏性。

年姐婆滔滔不绝，姜啊，哪里离得开呢。然而年姐婆虽爱姜，却也并不过度惜姜。她有一原则，即烂姜不留。因为腐烂的姜会产生一种毒性很强的物质——黄樟素，人即使吃得很少，它也会很快进入肝脏，引起肝细胞中毒、变性、坏死，不仅会对肝功能造成一定损害，还会诱发肝癌、食道癌等。

因此，如果家中种的小黄姜有剩余，年姐婆往往会送给街坊邻居，或制成其他姜制品保存下来。这里就不得不说说年姐婆的得意好物——姜膏。

平日乡亲往来时，年姐婆常常赠人姜膏。姜膏可暖胃、活络、驱寒、醒酒，尤其对体虚肢冷、脾胃虚寒、风寒感冒、咳嗽有独特的功效，女子服用此膏更有温经止痛、暖宫助孕、调理气血、美颜瘦身的效果。年姐婆做的姜膏也因此远近闻名。

据骆水祥回忆，姜仿佛贯穿了母亲年姐婆的一生。作为母亲，年姐婆总是格外关注孩子们的身体健康，一碗姜汤，便是一份温情。虽不知从小喝了多少次又苦又辣的姜汤，既爱又恨，但这也成了骆水祥离乡求学时最思念的一口。年姐婆年岁渐长，却仍放不下姜。“家里得有姜，姜的手艺是过命的手艺。”或因母亲的念念不忘，或因姜的手艺传承刻不容缓，作为仁良居的第二代传人，骆水祥和杨宝萍终是不辱使命，将这份珍贵财富传了下去。年姐婆做的姜膏，骆氏姜情，正如姜的品性，味辛，性温，如今还在。骆氏姜膏制作技艺，秉承客家药食同源的养生理念，培育独特品种“南山姜”，并利用传统工艺，搭配多种食材，借助精准的火候把控将其熬制成姜膏。骆氏姜膏制作核心在于使用独特品种的原材料——南山姜，并精准把控火候，最大限度地保留姜的活性成分，激发出姜膏的食用与药用价值。

第二节 五火姜膏制作技艺

仁良居骆氏五火姜膏制作技艺涵盖 9 个步骤 23 个流程。

第一步：选姜，泡姜，洗姜，截姜，去皮，切段，晾晒，包括其他搭配药食材的选用、浸泡和晾晒。

第二步：炒制，灌水，武火煮，过滤，取药液，反复加水三次，反复用武火清火煮，取药液再过滤。

第三步：倒渣洗锅，将药液倒入干净的锅里。

第四步：经武火、清火、炉火煎蒸水分，当药花少量出现时减火。

第五步：经炉火、焖火反复熬制，当药花反复出现时，采用焖火熬制药液。

第六步：经焖火熬制药液至高稠度，带线流体状，药花大规模往上冒泡时，加入蜂蜜，再采用炉火和焖火反复转火熬制，并不停搅拌，让药液里的水分完全蒸发。

第七步：用勺舀出药汁流液，能够在倒出时拉出膏状线条，滴入冷水盆不会发散、不融入水中时，马上收火。

第八步：锅下收火后，马上将炉灶的火气分散，并快速将药膏铲到干净的盆里，摊凉后马上装瓶。

第九步：待瓶子里的姜膏体完全凉透后，进行密封。

龙川县姜融乐生物科技中心传承年姐婆经方，以 1939 年熬制“骆氏五火姜膏”的膏方为基础，研发出滋膏饮品、凝胶、含片、颗粒冲剂、五火姜膏、草本姜糕、代用功能茶、露酒等，承担起非物质文化遗产代表性项目工作坊建设任务。对传统技艺类非遗项目的深度挖掘和创新展示，要求我们回溯历史与展望未来，探索中医药与现代社会的结合点。

一方面，通过深入研究历史文献，挖掘古代名医的诊疗思想、经典方剂及养生智慧。结合现代科学，对传统理念进行现代化的诠释，使古老的智慧适应现代生活。举办中医药历史展览，展示中医药的发展脉络和重要成就。利用多媒体技术，如互动触摸屏、全息投影等，通过现场演示，让参观者直观感受中医药的传统技艺和匠心精神。

另一方面，注重传统技艺与现代科技的融合。利用现代科技手段，如 3D 打印技术，复原古代中医药器具，让参观者体验古代医者的诊疗环境。开发中医药主题的 VR 体验项目，让参观者“穿越”到古代，亲身体验中医诊疗过程。设立姜文化教育中心，提供姜知识讲座和姜膏非遗工作坊，普及中医药知识。与教育机构合作，开发中医药文化教育课程，培养青少年对中医药文化的兴趣，通过展示中医药文化的独特魅力，吸引国际友人的参与和体验。与海外中医药机构合作，开展中医药文化海外巡展，提升中医药文化的国际影响力。

1. 选姜

2. 洗姜

3. 截姜

4. 削姜皮

5. 切姜片

6. 蒸姜

7. 炒甘草

8. 炒橘皮

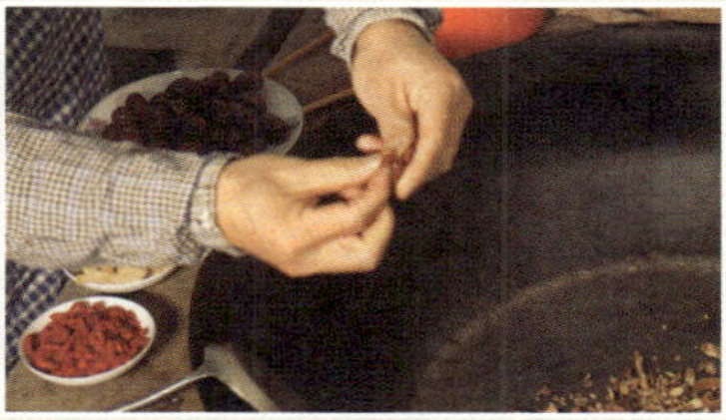
9. 截枣去核

10. 将蒸姜炙、甘草、橘皮、大枣、花椒放入锅内

11. 倒入清水过腕线

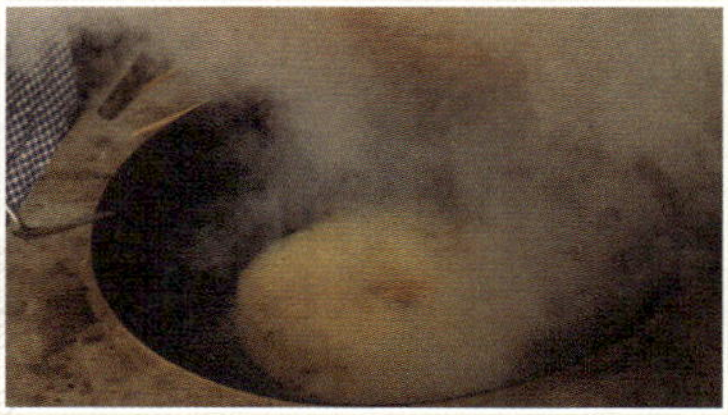
12. 武火（猛火）熬煮药液

13. 文火（清火）熬煮药液

14. 过滤，去渣，取药液

15. 炉火反复熬制药液

16. 在药液中倒入蜂蜜

17. 焖火反复熬制药液

18. 观察药花

19. 观察药线

20. 收火，煎药膏

21. 铲起滴入冷水即凝成团

22. 起锅上盆，摊凉

23. 入罐

第三节 仁良居姜膳

•仁良居

仁良居的骆氏家族，通过对姜的深入研究和精湛运用，为我们在平凡的饮食领域展现了姜宴和姜膳的神奇魅力。

第一代：叶年姐（仁良居第一代骆荣良的妻子，人称“年姐婆”）。

骆荣良因脾胃虚寒致病，英年早逝。叶年姐许下宏愿，立志通过姜来调理家人的脾胃，因此，摸索出“姜膏”“姜宴”养生理念，在日常饮食上特别重视在膳食中科学用姜。

客家人，居处山区，受寒湿环境影响严重，食物或多或少都是寒凉之物，身体常常不慎被寒邪或湿邪侵袭。姜，是山区客家人赖以生存的“山珍”。其具有祛寒除湿、驱邪扶阳、止呕止泻的功效。因此，姜引起了客家人，特别是引起了龙川县丰稔镇土涵围的乡村中医叶年姐的重视。叶年姐将姜广泛应用于生活饮食之中。

第二代：杨宝萍

第三代：骆回（骆晓回）

第四代：骆其乐

在日常生活中，叶年姐摸索出“姜鸡”“姜蛋”“姜猪肚”“姜汤”“姜饭”“姜腊鸭”“姜甜酸”“姜菜”“姜牛肉”“姜蓉白切鸡”等养生美食，并在为乡亲治病时，指导病人及其家属在饮食上注重食用姜的具体烹饪方法，并结合各人喜好来搭配其他食材，让全家人都能感受到姜对身体的益处。姜饮食，价廉物美，制作简单，美味可口，健康和胃，祛寒除湿。

第二代：杨宝萍（仁良居第二代骆水祥的妻子，幼年时叫刘淑英）。

自从20世纪50年代中期嫁入骆家仁良居，杨宝萍深受家婆饮食习惯的影响，在漫长的家庭生活中接受并运用了年姐婆关于姜饮食的理念，继续为家庭服务，并为乡里乡亲提供关于姜的饮食指导。

第三代：骆回（骆晓回）。

因自小体弱多病，骆回对于姜饮食习惯的好处感同身受，在家庭生活中传承姜食的良好习惯和传统文化，并继往开来，承前启后，与时俱进，创新性地提出“姜宴”这一理念，运用于家庭生活的同时，服务社会，造福百姓。

第四代：骆其乐。

广州中医药大学中医学硕士，立志助力家族的姜宴事业更上一层楼。秉持传承不守旧、发展不失传统的理念，大力推广姜食自主品牌，在传承中导入创新思维，更好地奉献于社会。

• 骆氏姜膏参加 2023 年深圳文博会

仁良居姜膳是以姜为主题的养生理念、保健方式方法。“姜膳”的关键，一是对“姜”进行精心炮制；二是合理调配中药材；三是烹饪制作技艺方面的独特创新。注重姜的制作方式，匠心独运，结合家常食材如鸡、鸭、猪、鱼、蛋等，采用具有清心润肺、健脾和胃、护肝益肾等功效的药食同源植物食材，通过科学合理配伍，精制而成。选材容易，操作简单，价廉物美，保健效果明显。仁良居姜膳的灵魂，归根结底，是“传承不守旧”“创新不忘本”的姜食养生理念和制作技艺。

仁良居姜膳中姜的九种制作方法

晒姜片（丝）

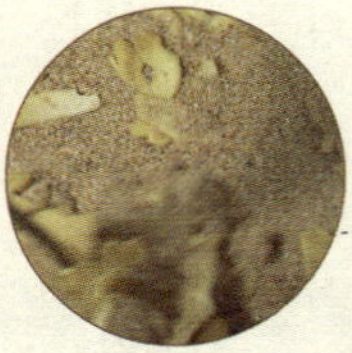

炒姜片

炙姜片

煨姜片

蒸姜片

锻姜

炼姜

炮姜

碾姜

1. 姜鱼汤（煮生姜丝）

功效：御寒保暖，祛胃寒，除湿，开胃消食。无论是切片还是切块或者切丝，都保留着其原始的辛香和温热之性。

材料：金丝小黄姜、白鲫鱼、精盐、枸杞、葱花、当归、党参、黄芪。

做法：姜削皮后，切丝或者剁碎粒，备用。用当归、枸杞、党参、黄芪煮好药汤。鲫鱼煎到全身金黄，并捣碎，放入热滚的药汤中，文火煮开，倒出，过滤除渣。将当归鱼汤再倒回锅里，放盐，将姜丝放入锅内，文火将汤水滚上几滚，再放些葱花即可。

食用：喝汤吃渣。

2. 姜芥菜（炒姜片）

功效：宣肺止咳，驱风祛寒。

材料：生姜片、陈皮、腊肉、芥菜。

做法：文火炒姜片至金黄色。用油爆炒姜片与腊肉，炒熟，备用。陈皮姜片煮好汤水，滤去陈皮姜片后，将芥菜倒进陈皮水里焯熟，捞起，备用。将上述物料倒入油锅里，翻炒均匀即可。

食用：全部可吃。

3. 姜母鸭（炙姜片）

功效：健脾消食。

材料：母鸭、姜片、胡椒、葱白。

做法：姜片铺在瓦片上，用木炭火将姜片烤至金黄色。将炙姜入锅再油爆，加入葱白、母鸭块翻炒，与胡椒碎一起焖熟即可。

食用：全部可吃。

4. 姜甜酸（煨姜汁）

功效：杀菌止呕。

材料：鸡蛋、酒糟、生姜、红糖。

做法：将姜放在瓦罐里，推到火坑上煨熟后，挤压出汁液备用。与鸡蛋、酒糟、红糖一起煮开即可。

食用：喝汤吃渣。

5. 姜炒饭（炼姜）

功效：理气和胃，消食化积。

材料：姜粒、米、腊肠、腊肉、虾米、花生米、葱花。

做法：将米煮成饭粒，备用。隔水将姜粒蒸至烂熟。姜粒炒腊肠、腊肉、虾米、花生米，再下饭粒，在油锅里一起快速炒至均匀，加入调味料，撒上葱花即可。

食用：全部可吃。

6. 姜艾蛋（锻姜）

功效：调经暖宫。

材料：姜、艾草、鸡蛋（如做汤加当归）。

做法：用木炭烧熟姜后，拍打挤压取汁。将备好的锻姜剁碎，与擦洗去苦剁碎后的艾草搅拌，打入若干个鸡蛋，充分搅拌均匀。倒入油锅，清火炒至金黄，铲起上碟即可。

食用：全部可吃。

7. 姜糊羹（炼姜做竹姜汤）

功效：健脾凉血。

材料：姜、竹茹球、黑芝麻、花生米、黑桃、糯米、绿茶。

做法：将姜丝或姜片隔水蒸成烂熟姜蓉，与竹茹球一起加清水，熬煮成姜汤，去渣取液，备用。炒黑芝麻、花生米、黑桃、糯米、绿茶，打粉。将上述所有物料边搅拌边加文火，煮开即可。

食用：即刻饮用。

8. 姜猪肚（炮姜）

功效：温中暖胃，温经止血。

材料：姜、猪肚、胡椒、红枣、枸杞、白术、甘草。

做法：用锡纸包住姜放入火堆，或者用铁锅中炒炽热的沙砾炒制，直至姜变成金黄色。生猪肚切块，煨姜块，加入胡椒、红枣、枸杞、白术、甘草，焖熟收汁即可。

食用：全部可吃。

9. 姜蓉鸡（蒸姜碾姜制成姜蓉）

功效：祛风除湿，温补气血。

材料：姜、鸡块、当归、甘草、白芍、枸杞、红枣、桂圆、党参。

做法：将隔水蒸至半熟的姜片夹起放在平整的砧板上，用擀面杖碾压去汁，挤压出纤维，再淋上热油，制成姜蓉。这种特殊的处理，可以让姜的纤维得以舒展，热油的浸润又增添了其温润之性。再将鸡块泡在盐水里，过滤，晾干，备用。将当归、甘草、白芍、枸杞、红枣、桂圆、党参与鸡块一起蒸熟，将汤汁倒入小碗，备用。最后将姜蓉轻轻放在鸡块上面。

食用：就着鸡汁吃鸡块。

仁良居姜膳，“传承不守旧，创新不忘本”。姜，彰显着仁良居姜膳的灵魂与魅力。

•仁良居姜膳

第四节　骆氏家族传承姜业

• 种姜一般选山窝地半山坡阴面（背阳面）斜坡

根据清代盛熙祚编纂的《龙川县志》（清乾隆四年刊本）卷二“物产”记载，龙川客家先民很早就开始种植和食用姜。清嘉庆《龙川县志》卷三九“物产”记载：“姜，强也，御湿之菜也；王安石《字说》云，姜能强御百邪，故谓之姜。姜初生者，其尖微紫，名紫姜，或曰子姜。谓宿姜为母姜也。姜生，可取其母以食，以母子俱相保也。故人生子，曰吃姜酒。”民国时期《龙川县志·地理志》的“物产”记载：“姜，香荷科，多年生草本，高二三尺，块茎肥大有肉，充香辛之料，用糖饯者，曰糖姜，味佳美，并可入药。”

这些百余年前的地方历史文献资料，表明龙川客家很早就有制作姜膏的传统。宋代诗人刘子翚《咏姜诗》云：“新芽肌理细，映日莹如空。恰似匀妆指，柔尖带浅红。”姜形美味辣，其种植更是得来不易。骆氏所传金丝小黄姜，味道辛辣浓郁，肉细嫩，具有特殊香气，纤维较细，可食用亦可入药，喜生长于半阴半阳处，18℃～30℃最佳。河源全年气候温暖，播期在1～4月均可。若播种过早，地温低，热量不足，种姜迟迟不能出苗，这样极易导致烂种或死苗；若播种过晚，出苗迟，则生长期缩短，会造成大幅减产。

骆家人常在年前就将种姜的地深挖冻着，一般选山窝地半山坡阴面斜坡处。金丝小黄姜对土质的要求较为严苛，喜酸性疏软的黄泥土，对土壤酸碱度的反应较灵敏。姜适宜的土壤pH值为5～7.5，若土壤土层pH值低于5，则姜的根系臃肿易裂，根生长受阻，发育不良；若pH值大于9，根群生长缓慢甚至停滞。同时，选择在土层深厚、疏松、肥沃、有机质丰富、通气且排水良好的土壤中栽培，姜产量会更好，姜质亦会更细嫩。

种姜处理，培育壮芽是获得金丝小黄姜丰产的重要环节。只有健康的幼芽才可能长出茁壮的幼苗。在春分前后，骆家人会从贮藏窑中取出种姜，稍稍晾晒后，用清水冲洗净姜块上的泥土，平铺在草席或干净的地上，晾晒1～2天（傍晚收进屋内，以防受冻）后，收进室内堆放2～3天（称"困姜"），如此经过2～3次重复，种姜晒困结束。

在晒姜、困姜的过程中需严格选种，通常选择姜块肥大、丰满，皮色光亮，肉质新鲜、不干缩、不腐烂、未冻，质地硬，无病虫害的健康姜种做种，严格淘汰姜块瘦弱干瘪、肉质变褐及发软的种姜。接下来便是播种了。南方温暖，种姜出窖后，多已发芽，可不经过催芽即播种。"春天就是播种的季节啊。"骆家人笑着说，"我们这儿多雨水，一般采用高畦栽培，并且开始施第一次肥，俗称‘盖粪’。”如此，姜体生长得比较长，姜的品质也更佳，同时便于排水。幼芽在 16℃～ 17℃便可开始萌发，但发芽很慢。22℃～ 25℃最适宜，高于 28℃则会导致幼苗徒长而瘦弱。同时，作为低光呼吸植物，姜的发芽和根茎膨大需在黑暗环境进行，因此，搭棚遮阴是常用手段。以河源的气候条件为例，一般在幼芽出土后即在畦面上搭棚。待到 8 月上旬立秋前后撤除姜棚，不可过早或过晚。

种姜期间，还要格外注意田间管理。金丝小黄姜苗期长，植株生长缓慢，又恰在高温多雨季节，杂草萌发力强，若管理不及时，极易造成草荒，影响姜苗生长。所以幼苗期及时除草，是保证苗全苗旺的重要措施。

姜的根系较浅，吸水能力较弱，因而要求土壤湿润，但它又不耐涝，水浇多了，土壤积水，容易影响发育，还可能引发姜瘟病。发芽期，为了提高地温，保证姜顺利出苗，通常播种时必须浇透底水，直至出苗率达 70% 左右才再浇一次水。但也应根据土质、土壤水分及当时的天气情况灵活变化。幼苗期，幼苗生长慢，生长量小，需水不多，但因其根系不发达，吸水能力弱，对水分要求比较严格，此时应少水勤浇，保持土壤湿度在 65% ～ 70%。夏季以早晨或傍晚浇水为宜，不要在中午浇水。这样既可防止土壤干旱，又可降低地温。另外，南方多台风，暴雨过后，应以浇跑水的方式及时浇井水降温，俗称“涝浇园”。同时，应及时排水，以免姜田积水引起姜块腐烂。

生长期的姜亦要注意防旱保墒。一般在夏至前后，骆家人会在水源不足的地方进行中耕培土，用油菜秆、油菜荚壳等覆盖姜行畦面。在不同生长时期，金丝小黄姜对肥料的吸收亦有差别，幼苗期生长缓慢，这一时期对氮、磷、钾的吸收量占全生育期总吸收量的12.25%；而旺盛生长期生长速度快，这一时期吸肥量占全生育期的87.25%。6～8月为姜的旺盛生长期，此时要格外注意追肥和培土。立秋前后，姜苗生长速度加快，是幼苗期向旺盛生长期转变的时期。自此之后，植株生长速度大大加快，根茎加速膨胀，对肥水需求明显加大。此时应结合拔出姜草、拆除姜棚或地膜进行追肥，称“转折肥”。这次追肥要求量大、养分全面。9月中旬，植株地上部分生长基本稳定，生长中心为根茎。为保证根茎膨大过程中养分供应充分，可在此时进行第三次追肥，称为“补充肥”。

病虫害防治也需要格外注意，如姜腐烂病、姜根结线虫病、姜斑点病等。在日常劳作时，要十分细心。“有一次家里大人有事外出，把姜交给我们照顾。本以为不过小事一桩，结果没发现有的姜当时已感染病菌。大人回来，把我们骂了一顿。往后我们开始牢记，事情越小越要细心。俗话说，‘成大事者不拘小节’，而要让姜‘成’，再小的事也要去抓。”

姜叶如竹，“林峦当户茑萝暗，桑柘绕村姜芋肥”，是时候收姜了！姜收获又分为收种姜、收嫩姜和收鲜姜。姜与其他作物不同，种姜发芽长出新植株后，地上茎叶的同化物质有少部分回流到种姜，因此，收获时，要保证种姜内部组织完好，不干缩，不腐烂，鲜、干重基本不变。种姜既可与鲜姜一并在生长结束时收获，也可以提前至立秋收获。收嫩姜，一般是在根茎旺盛生长期，趁姜块鲜嫩时提早收获。此时根茎含水量高，组织柔嫩，纤维少，辛辣味淡。嫩姜可用于腌渍、加工糖姜片等。姜不耐霜冻，因此，初霜到来之前，即11月上旬前（此为南方截点）要及时收获，此为“收鲜姜”。刚收获的鲜姜伤口多，呼吸旺盛，极易失水造成表皮皱缩，因此，须及时入窖贮藏。

在入窖前，必须先做好地窖的选址、挖掘、消毒等工作。新挖地窖应选在向阳、避风、高燥、排水方便的地方，深度 4 ～ 5 米。老地窖则要先清除 2 ～ 3 厘米厚的老土层，露出新土层，再用 800 倍多菌灵溶液喷洒杀菌。

用于贮藏的姜应进行严格挑选，剔除受冻、受伤、小块、干瘪、有病和受雨淋的姜块，挑选大小整齐、质量好、无病害的健壮姜块贮藏。在摆放生姜前，先要在窖底铺一层 4 ～ 5 厘米厚的河沙，每平方米竖立 2 ～ 3 小捆干柴或玉米秸秆，方便通风。再把分级的生姜按级别集中码放，码放时将生姜竖立排紧，一层姜一层沙，沙厚 2 ～ 3 厘米，最上一层姜距离窖顶 30 厘米左右。整个过程要求轻拿轻放，切勿碰伤姜块。

贮藏姜的整个过程，也被称为“窖姜”。窖姜要格外注意温度、湿度。姜喜温暖湿润，不耐低温不耐凉，10℃以下会受冷害。生姜贮藏最适温度为 15℃左右，窖内温度在 20℃以上要加强通风。同时，窖中还要悬挂干湿温度计，定期检查窖内的温度和湿度，将窖内湿度控制在 95% 左右。若湿度低于 90%，生姜易失水干缩，湿度过高易引起姜瘟、腐烂。

此外，查窖时必须随时将发霉腐烂的姜块捡出地窖，防止病菌传播，还应将病姜周围的姜块取出单独存放，并做好消毒处理。

春种、夏实、秋收、冬藏，姜历四季，农忙一年，骆家人心心念念的金丝小黄姜才能以最好的状态被下入厨房、被端上厅堂。如此得来的窑姜，解表散寒，温中止呕，温肺止咳，还可以治疗脾胃虚寒、寒湿引起的脾胃功能不和，改善胃胀、胃痛、食欲不振、恶心想吐、大便溏稀等症状。然姜虽好，却不可贪多，肝炎患者更忌生姜。那么，姜如何巧用？答案就是，大隐隐于“市”。在日常煮菜热油时，放点姜丝，炖肉、煎鱼时加点姜片，制作水饺馅时加点姜末……不必过分宣扬，只安居己位，既能使味道鲜美，又能开胃健脾、提神醒脑、增进食欲，促进胃肠对营养成分的吸收。

部分参考文献

［1］李时珍．本草纲目［M］．北京：中国文联出版社，2016.

［2］贵珠，延庆．生姜治百病［M］.2 版．北京：农村读物出版社，2011.

［3］康建平．生姜贮藏与加工［M］．北京：金盾出版社，2003.

［4］王孝涛．历代中药炮制法汇典（古代部分）［M］．南昌：江西科学技术出版社，1998.

［5］杨家驹．古今中药炮炙经验［M］．长沙：湖南科学技术出版社，1991.

［6］张美霞，游玉明．生姜采后贮藏保鲜与加工技术研究［M］．长春：吉林大学出版社，2019.

［7］董琳．生姜深加工工艺及经济附加值的分析［J］．中国调味品，2020（10）：186–188.

［8］高学侠，武子锋，胡中盛，等．探索传统工艺与新一代信息技术相结合的姜炭炮制工艺［J］．电子元器件与信息技术，2022，6（6）：5–8.

［9］高治国，邸娜．生姜的药用价值及应用展望［J］．特种经济动植物，2022，25（1）：65–68，122.

［10］葛玉全，和法涛，东莎莎．生姜热风干燥动力学研究［J］．农业技术与装备，2021（9）：9–12.

［11］郭银萍，李兵，穆兴燕，等．不同泡姜工艺泡制过程中品质变化研究［J］．中国调味品，2022，47（9）：72–76.

［12］何文珊，李琳，郭祀远，等．姜油的提取及其对油脂抗氧化活性的研究［J］．中国油脂，1999（1）：3.

［13］何子浩，陈惠华，赖祉妃，等．高良姜红枣凝胶软糖制作工艺研究［J］．食品工程，2022（1）：52–57.

［14］姜龙，李丹丹，王文亮，等．生姜干燥技术研究进展［J］．中国果菜，2024，44（2）：41–46.

［15］李计萍，王跃升，马华，等．干姜与生姜主要化学成分的比较研究［J］．中国中药杂志，2001（11）：4.

［16］李娟，王智民，高慧敏．炮制对生姜及其不同炮制品中挥发性成分的影响［J］．中国实验方剂学杂志，2012，18（19）：77–81.

[17] 李素民，杨秀岭，赵智，等 . 干姜和生姜药理研究进展 [J]. 中草药，1999（6）：471–472.
[18] 牛凤景，韩宝生，郭同安 . 隔姜灸治疗坐骨神经痛 18 例 [J]. 针灸临床杂志，1997（8）：1.
[19] 谭绍银，秦丽媛，陆丽碧，等 . 浅议当归生姜羊肉汤的临床应用 [J]. 中国民族民间医药，2010，19（16）：170.
[20] 王航宇，李国玉，张珂，等 . 干姜经不同炮制法对 6– 姜酚含量的影响 [J]. 中国实验方剂学杂志，2013，19（1）：77–80.
[21] 许庆陵，周勇强，战宇，等 . 生姜皮总黄酮的提取工艺研究 [J]. 现代食品科技，2012，28（8）：998–1001.
[22] 薛丹丹，张科卫，钱琎 . 干姜、姜皮和姜炭的 HPLC 指纹图谱比较 [J]. 中国实验方剂学杂志，2015，21（5）：57–60.
[23] 杨涛 . 生姜的功效及其开发利用 [J]. 现代农业科技，2009（12）：84，86.
[24] 杨宇萍，杜晶，邓仙梅，等 . 姜及其不同炮制品中姜酚的含量测定 [J]. 现代医药卫生，2015，31（22）：3369–3370，3373.
[25] 余贵妍 . 当归生姜羊肉汤治疗产后痛风 98 例疗效观察 [J]. 中国社区医师（综合版），2004（14）：44.
[26] 张德华 . 生姜系列食品加工 [J]. 新农村，2012（12）：29.
[27] 钟志刚，刘毅华，孔燕莹，等 . 隔姜灸神厥穴治疗溃疡性结肠炎成本 – 效果分析 [J]. 内蒙古中医药，2008（12）：3–4.
[28] 周雪林，王艳辉 . 当归生姜羊肉汤加味配合西药治疗消化性溃疡 [J]. 医药论坛杂志，2009，30（6）：93–94.
[29] 周逸群，李瑞，吴萍，等 . 干姜历代炮制方法考证 [J]. 中华中医药杂志，2020，35（6）：2762–2767.

后记

作为世界上最古老且最受欢迎的香辛保健蔬菜之一，生姜被广泛应用在食品、药品及化工领域。中国是全球生姜的主要生产国和出口国。在中国，广东、浙江、湖南、安徽和四川等地是生姜的主要种植区，而山东省的种植面积最为广泛。中国的生姜出口量约占全球生姜贸易总量的70%左右。生姜的根茎富含多种矿物质、维生素、蛋白质和膳食纤维，因而具有显著的营养和药用价值。生姜含有丰富的生物活性成分，包括姜辣素、姜酚、挥发油（含有醇类、黄酮类、烯类等）、多糖、微量元素、氨基酸和维生素等，被广泛认为是一种集营养、调味和保健功能于一体的经济作物。在中国传统医学中，生姜被用于发汗解表、温中止呕、化痰止咳和健脾消肿等，能够有效治疗外感风寒、胃寒呕吐等症状。此外，生姜的独特辛香味使其在烹饪中不仅作为调味品，还能作为食品添加剂增添风味。

生姜的种植历史可以追溯至数千年前，它在不同的文明和时代中都有着丰富的应用和传说，它见证了人类的交流和发展，也反映了人类的智慧和创造。

生姜的传播，不仅是一种植物的迁移，一种文化的交流，还反映了人类的需求和创造，也影响了人类的生活和健康。

人类在以狩猎和采集为获取食物的主要手段，食用蔬果肉鱼时起，生姜等香辛料就被广泛使用了。生姜作为药食同源植物，在我国各地均有悠久的种植历史，目前在我国中部、东南部至西南部各省区广为栽培。姜是沿着海洋的路径从中国走向世界的。英国学者安德鲁在《危险的味道——香料的历史》里也曾提到姜，“正是沿着这条路（中国—菲律宾—印尼的史前贸易路线），（干姜）迈出了向世界传播的第一步”。这些论述证明，姜起源于古老而文明的中国。中国是生姜的主要产地和消费国之一，生姜在中国的历史和文化中有着重要的地位和作用。生姜是一种药食同源的植物，也是一种历史和文化的载体，它在不同的地区和时代，都有着不同的特色和意义。生姜既是一种值得我们尊重和欣赏的植物，也是一种值得我们学习和研究的植物，它不仅可以给我们带来美味和健康，而且可以给我们带来知识和灵感。

在今天，姜受到世界各地人们的喜爱，无论是用来调味，还是用作药物。世界各地对姜的使用方式一直是高度一致的，可用于各种食品，如糖果、苏打水、腌菜和酒精饮料等，也常被拿来药用。除经济种植外，姜也非常适合园艺应用，由于低维护、可观赏、能开出黄绿色的花、喜温暖等特性，它被作为绿植景观经常种植于亚热带民居周围。

在构思本书时，本人反复思考和不断实践，本着对中华优秀传统文化的创造性转化和创新性发展，大胆地尝试，博采众长，同时总结个人经验，以从历史的深度与全球视野的广度，科学辩证地看待姜对人类的重要性，并系统综合地论述姜的食用、药用价值。

当前，广东骆氏中医学研究院已承接国家“十四五”规划中医药研究课题并顺利结项，成员在权威重点专业期刊发表学术论文 8 篇。公司拥有 63 项专利，包括中国、美国、加拿大、新加坡的专利；具有政府机构批准生产文号的产品 26 件；加拿大许可生产文号 18 件，联合加拿大手帕树药业科技公司获得美国 FDA 认证；拥有 500 余个注册商标。

未来，我们将致力于建设知识产权的容器：对接医学机构合作；建设中草药训化基地；规划设计功能康复型疗养院；创新开发生姜文化产品，提升文化产品的附加值；构建品牌故事，增强品牌的文化内涵和吸引力，不断提升骆氏“非遗”姜膏和姜膳商业应用的服务质量和用户体验。感谢为本书面世付出辛勤汗水的所有劳动者，我们诚挚邀请您共同体验食疗生姜养生的非凡魅力，一起开启以姜文化为代表的科普之门。

骆 回

2025 年 5 月